水库物业化管理养护技术研究及指南

袁明道 史永胜 张旭辉 黄春华 夏甜 杨文滨 徐云乾 等 著

中国水利水电出版社
www.waterpub.com.cn
·北京·

内 容 提 要

本书适用于水库物业化管理养护。对水库工程巡视检查、维修养护、运行操作、安全管理、档案管理、安全监测、白蚁防治及其他有害生物防治、水库保洁、安保和防恐等日常管理工作的物业化管理做出指导。全书主要内容包括：物业化管理养护总体要求；物业化管理养护技术要求；物业化管理养护定额标准；物业化管理养护监督考评机制；物业化管理养护市场信息化监管。

本书适合水库管理人员、技术人员参考。

图书在版编目（ＣＩＰ）数据

水库物业化管理养护技术研究及指南 / 袁明道等著
. -- 北京 ： 中国水利水电出版社，2021.10
ISBN 978-7-5226-0016-1

Ⅰ . ①水… Ⅱ . ①袁… Ⅲ . ①水库管理－研究 Ⅳ.
①TV697

中国版本图书馆CIP数据核字(2021)第200492号

书 名	水库物业化管理养护技术研究及指南 SHUIKU WUYEHUA GUANLI YANGHU JISHU YANJIU JI ZHINAN
作 者	袁明道 史永胜 张旭辉 黄春华 夏 甜 杨文滨 徐云乾 等 著
出版发行	中国水利水电出版社 （北京市海淀区玉渊潭南路 1 号 D 座　100038） 网址：www.waterpub.com.cn E-mail：sales@waterpub.com.cn 电话：(010) 68367658（营销中心）
经 售	北京科水图书销售中心（零售） 电话：(010) 88383994、63202643、68545874 全国各地新华书店和相关出版物销售网点
排 版	中国水利水电出版社微机排版中心
印 刷	清淞永业（天津）印刷有限公司
规 格	140mm×203mm　32 开本　4.75 印张　132 千字
版 次	2021 年 10 月第 1 版　2021 年 10 月第 1 次印刷
印 数	0001—2000 册
定 价	38.00 元

前　言

本指南适用于水库物业化管理养护。全书分 9 部分，主要内容包括：绪论；物业化管理养护总体要求；物业化管理养护技术要求；物业化管理养护定额标准；物业化管理养护监督考评机制；物业化管理养护市场信息化监管；主要依据；参考文献和附录等。

本指南主编单位：广东省水利水电科学研究院

广东省大坝安全技术管理中心

本指南主要起草人：袁明道　史永胜　张旭辉　黄春华

夏　甜　杨文滨　徐云乾　陆雪萍

马妍博　陈嘉颖　潘展钊　谭　彩

曾锦辉　祝二浩　李培聪　刘建文

林悦奇　黄有文　梁海林　刘金涛

彭汝轩　梁雨玲　李晓杨

本指南主要审查人：邹振宇　全万友　叶乃虎　黄本胜

黄家宝　易小兵　罗永锐　毛建平

谌汉舟　周　磊

本书的编著和出版得到了 2020 年广东省水利科技创新项目"广东省水库物业化管理养护技术标准研究"（项目编号 2020 - 22）、"粤港澳大湾区小型水库效益风险分析、系统治理与报废对策研究"（项目编号 2020 - 17）等的资助。

由于编者水平有限，书中内容难免有疏漏和不当之处，欢迎广大读者批评指正。请各单位在使用过程中注意总结经验，随时将有关意见和建议反馈给广东省水利水电科学研究院（地址：广州市天河区天寿路 116 号；电话：020 - 38036638；邮箱：gdd-bzx2010@163.com；邮政编码：510635）。以供今后修订时参考。

目　录

表 目 录

1 绪 论

19世纪60年代，英国正处于工业高速发展的阶段，对劳动力的需求很大，大量农村人口涌入城市，城市原有住房无法满足人口增长的需要，住房的空前紧张成为一大社会问题。此时，一些房地产开发商修建了一批简易住宅，以廉租房的形式出租给贫民和工人家庭。这些住宅设施简陋且居住环境较差，承租人拖欠租金严重，而且经常发生人为破坏房屋设施的情况，严重影响住宅出租人的经济收益。在此背景下，奥克维娅·希尔（Octavia Hill）女士为其名下出租的住房制定了一套有效的管理办法，要求承租人严格遵守，出人意料地取得了成功，不仅有效地改善了居住环境，还改善了住房出租人与承租人的关系，首开物业管理之先河。近年来，作为现代化城市管理和房地产经营管理的重要组成部分，物业管理服务逐渐被政府及社会所重视，在世界各国进行推广，不断发展成熟，社会化、专业化的物业管理服务成为一个新兴的服务行业[1-2]。在我国的水利行业中，实行管养分离是水管体制改革的总体思路[3-5]，水库实行物业化管理养护、承接主体实行市场化运作是管理体制改革的必然趋势，但是目前现状离建立健全物业化管理养护机制和培育出完善的物业化管理养护市场化队伍需要一段较为漫长的过程，还需要完善水库工程物业化管理养护市场准入制度、物业化管理养护相关技术规范以及相应的定额标准，才能促进物业化管理养护市场的发展，壮大专业性的物业化管理养护企事业单位，提高水库工程管理水平，促使水库工程发挥良好的效益。

2015年，重庆市水利局出台的《重庆市水利工程运行管理向社会力量购买服务的指导意见》（渝水〔2015〕246号）明确了水利工程物业化管理的工作思路、目标范围、保障措施等内

容，并出台相应的《水利工程物业化管理技术规范》（DB50/T
1010），从技术层面规范和引导水利工程物业化管理行为。2016
年，《浙江省水利厅关于印发向社会力量购买水利工程运行管理
服务意见的通知》（浙水法〔2016〕4号）提出水利工程物业管
理服务购买主体和方式、行业监管等内容。2018年，《水利部关
于印发加快推进新时代水利现代化的指导意见的通知》（水规计
〔2018〕39号）提出创新水利工程管理方式，鼓励水管单位承担
新建项目管理职责，探索"以大带小、小小联合"的水利工程集
中管理模式，推行水利工程标准化、物业化管理。积极推进管养
分离，落实水利工程管护经费，鼓励通过政府购买服务、委托经
营等方式，由专业化队伍承担工程维修养护、河湖管护，提高水
利公共服务市场化水平。2019年，《水利部关于加强小型水库安
全运行管理三年行动方案》提出开展小型水库管理模式试点，探
索水行政主管部门或基层水利服务机构管理、政府购买服务和社
会化管理等多种管理模式，力争每座小型水库都有管理机构、配
备必要的管护人员。推行管养分离等多种服务形式，推进社会
化、专业化维修养护服务。2021年，《国务院办公厅关于切实加
强水库除险加固和运行管护工作的通知》（国办发〔2021〕8号）
提出积极创新管护机制，对分散管理的小型水库，切实明确管护
责任，实行区域集中管护、政府购买服务、"以大带小"等管护
模式。积极培育管护市场，鼓励发展专业化管护企业，不断提高
小型水库管护能力和水平。

广东省现有大型水库38座，中型水库344座，小型水库
8029座[6]。这些水库点多、面广，随着近几年水利建设力度的
不断加大，部分水库经过除险加固以后，效益得以恢复，但重建
轻管问题依然比较突出，仍陷于"除险、失管、出险、再除险"
的恶性循环[7-8]；也有少量新建工程陆续投入运行，新建的一项
工程，需增设专职管理机构，或者交付其他工程管理单位，并相
应增加人员编制。在现有管理模式下，公益性水库尤其是小型水
库，管理人员紧缺、专业技术力量不足、运行管理专业化程度

低、维修养护不到位、管理经费难保障等问题[9]越来越突出。水库工程巡视检查、维修养护、运行操作、安全管理、档案管理、安全监测、白蚁防治及其他有害生物防治、水库保洁、安保和防恐等日常管理工作均可以实行物业化管理，以政府出资到市场购买服务的方式来进行。一方面，由于引入了竞争机制，可降低工程维修养护成本，减少维修养护费用支出；另一方面，可提高维修养护人员技能和减少人员数量，降低费用支出，减轻财政压力。达到优化管理机构和人员、降低运行管理成本，以及改变管理方法、提高工作效率的目的[10-13]。

水库物业化管理养护的市场准入和培育机制尚未建立或不完善，维修养护定额更新偏慢、费用难以准确测算，巡视检查、维修养护、运行操作、安全管理、档案管理、安全监测、白蚁防治及其他有害生物防治、水库保洁、安保和防恐等物业化管理工作缺乏定额标准，配套物业化管理和养护技术规范缺失。广东省各地区经济发展极不平衡，按行政区域可划分为"一核一带一区"，其中"一核"是指广州、深圳、珠海、佛山、惠州、东莞、中山、江门、肇庆等经济相对发达的珠三角地区的9个市，"一带"是指潮州、汕头、汕尾、揭阳、茂名、湛江、阳江等粤东粤西沿海经济带的7个市，"一区"是指韶关、清远、河源、梅州、云浮等粤北生态发展区的5个市[14]。在经济相对较发达的地区，政府对水库管理和养护投入的人力和物力较多，有些地方甚至还略有富余；但在经济相对不发达的地区，许多小型水库、甚至中型水库的管理比较粗放，其中有部分长期处于无人管、少人管、无钱管的状态，这对广东省水库的长期安全运行十分不利。水库物业化管理养护在广东省不同的地区应有不同的标准，不能搞一刀切，经济相对发达的地区可以投入多一点、标准稍高一点，经济相对不发达的地区可以适当投入少一点、标准稍低一点。

为进一步贯彻落实党的十八届三中全会关于推广政府购买服务，凡属事务性管理服务，原则上都要向社会购买的要求，应以《广东省水利工程管理条例》（2020年修正）、《广东省人民政府办公厅关于印发政府向社会力量购买服务暂行办法的通知》（粤府办〔2014〕33号）为依据，规范广东省水库物业化管理和养护市场行为，推进市场化改革，充分发挥市场配置资源的决定性作用[15]，提升广东省水库安全运行管理水平和效率，制定符合广东省实际的水库物业化管理养护技术研究及指南。

2 水库物业化管理养护总体要求

2.1 水库物业化管理养护购买服务范围

（1）物业化管理养护向社会力量购买服务范围包括对投入运行的水库及其附属配套设施、设备和相关场地进行巡视检查、维修养护、运行操作、安全管理、档案管理、安全监测、白蚁防治及其他有害生物防治、水库保洁、安保和防恐等工作。

（2）安全监测、白蚁防治及其他有害生物防治等专业性较强的物业管理工作应由具备相应能力的单位承担，有明确资质要求的由具有相关资质的单位承担。

2.2 水库物业化管理养护各方主体及其职责

2.2.1 地方人民政府职责

（1）地方人民政府负责组织领导水库物业化管理养护活动，组织协调相关部门解决水库物业化管理养护活动遇到的重大问题。

（2）落实物业化管理养护经费保障。

（3）组织开展检查、督导等工作。

2.2.2 水行政主管部门职责

（1）水行政主管部门应负起水库大坝安全监管的领导责任，督促水库主管部门和管理单位履行职责。

（2）水行政主管部门负责组织制定或修订水库物业化管理养护办法和技术指南，对本区域内水库物业化管理养护活动进行监督，建立水库安全监督管理规章制度，组织实施安全监督检查。

2.2.3　水库主管部门职责

（1）水库主管部门应明确水库管理单位，督促指导水库管理单位制定并落实水库安全管理各项规章制度，督促水库管理单位履行职责。

（2）水库主管部门应多渠道争取水库物业化管理养护经费，切实用好中央及地方（省、市、县区、乡镇）的管护（维修养护）资金，由本级财政部门委托水利部门或水库管理单位统筹管理、报账支付。

（3）水库主管部门应组织水库管理单位和水库物业化管理养护单位参与防汛演练、水库汛期调度运用方案推演和水库（防洪抢险）应急预案演练。

（4）水库主管部门每年3月底前应组织水库物业化管理养护单位技术责任人和巡查责任人的培训工作，并颁发岗位工作证书。

2.2.4　水库管理单位职责

（1）水库管理单位应完善水库必需的水雨情观测设施、管理用房、防汛应急抢险物资和通信设施，完善防汛交通条件，并对水库管理范围进行划界立桩等。

（2）水库管理单位应制定购买物业化管理养护服务实施方案，明确购买服务范围、内容、要求等。

（3）水库管理单位应按水库主管部门的要求，与所确定的物业化管理养护单位签订物业服务合同，监督物业化管理养护单位履行物业服务合同，并报送水库主管部门备案。

（4）在办理物业承接服务管理手续时，水库管理单位应当向物业化管理养护单位提供下列资料：

1）工程竣工总平面图，单体建筑、结构设备配套设施、地下管网工程竣图等验收资料。

2）设施设备的安装、使用和维护保养等技术资料。

3）物业管理所必需的其他资料。

（5）水库管理单位每年3月底前，组织对水库物业化管理养护单位承担的上一年度物业化管理养护情况进行考核，并将年度考核结果报水库主管部门备案。

2.2.5 水库物业化管理养护单位职责

（1）水库物业化管理养护单位应根据合同约定，履行水库安全运管理技术责任人和巡查责任人的职责，执行水库安全运行管理规范规章制度，完成所承担水库物业管理活动。

（2）水库物业化管理养护单位应配合执行工程安全运行管理责任主体的防洪（兴利）调度指令，按照有关规程、规范和制度，进行运行操作并做好记录；坚持汛期24小时防汛值班值守，按时报送水雨情信息；服从工程安全运行管理责任主体的检查、考评和考核工作。

（3）水库物业化管理养护单位聘用的水库技术责任人、巡查责任人须经专门业务培训合格后方可上岗，实行持证上岗制度。

（4）水库物业化管理养护单位聘用的巡查责任人年龄一般为18周岁以上、60周岁以下，要求初中文化水平及以上，责任心强，热爱水利事业，身体健康。

（5）水库物业化管理养护单位聘用的技术责任人应具备水利水电工程建筑或农田水利工程、水利水电工程管理等相关水利水电工程专业中级及以上职称。

（6）水库物业化管理养护单位应按物业服务管理有关制度，定期对工程运行记录整编归档，对监测资料进行初步分析，并将分析成果报告水库管理单位（或水库主管部门）。

（7）水库物业化管理养护单位发现影响工程安全运行的隐患、险情或者第三者违法侵占工程管理和保护范围时，应在2小时内向水库管理单位（或水库主管部门）报告。

2.3 水库物业化管理养护单位服务能力评价

（1）承接主体应具备如下基础条件：

1）固定的办公场所。

2）必要的技术装备，办公自动化设备及水库物业管理装备。

3）健全的质量管理体系。

4）具有相应数量水利水电工程及相关专业的初级、中级及以上职称的技术骨干。

5）具有相应数量的与水库物业管理维修养护、运行操作相关的技术工人，并持有与物业管理相关的、经行业相关部门认可的等级证书、上岗证或培训合格证书。

（2）承接主体应取得由广东省水利厅或其授权委托单位颁发的相应资质等级的广东省水利水电工程物业管理服务能力评价证书，不同资质等级证书所能承接物业化管理养护项目工程规模见表 2-1。

表 2-1　　　不同资质等级证书所能承接物业化管理
养护项目工程规模对照表

序号	证书类别	水库工程规模	备　　注
1	一级证书、一级临时证书	大型及防洪重点中型	详见国家防汛抗旱总指挥部公布的最新名单
2	二级证书、二级临时证书	一般中型及重点小（1）型	库容大于等于 1000 万 m^3，但不超过 10000 万 m^3，且不在国家防汛抗旱总指挥部公布的最新名单的中型水库；以及坝高大于等于 50m，且库容大于等于 100 万 m^3，但不超过 1000 万 m^3 的小（1）型水库
3	三级证书、三级临时证书	一般小（1）型及重点小（2）型	坝高小于 50m，且库容大于等于 100 万 m^3，但不超过 1000 万 m^3 的小（1）型水库；以及坝高大于等于 15m，且库容大于等于 10 万 m^3，但不超过 100 万 m^3 的小（2）型水库
4	四级证书、四级临时证书	一般小（2）型	坝高小于 15m，且库容大于或等于 10 万 m^3，但不超过 100 万 m^3 的小（2）型水库

1）证书申请条件。按资质等级将广东省水利水电工程物业管理服务能力评价证书分为四等八类：

①一级证书、一级临时证书。

持有一级证书、一级临时证书的承接主体可从事大型及防洪重点中型及以下规模的水库物业化管理养护项目。

从事水利水电工程或土木工程咨询、设计、监理、施工的企业可以申报一级临时证书，不需要物业管理业绩，但申报一级临时证书需要具有水利水电工程咨询甲级或设计甲级或监理甲级或施工承包一级及以上（包含特级、一级）资质证书。

管理大型及防洪重点中型水库的水利水电工程管理单位可申报水库类一级临时证书。

承接主体取得一级临时证书满三年，且在此期间物业化管理养护业绩满足要求的，可向广东省水利厅或其授权委托的单位提交申请将一级临时证书转为一级证书，经评审合格的承接主体可授予一级证书。

此外，申报一级证书、一级临时证书还应满足表2-2的相应条件。

表 2-2　水库物业化管理养护服务能力评价证书申报条件表

条　件		一级证书、一级临时证书	二级证书、二级临时证书	三级证书、三级临时证书	四级证书、四级临时证书
企业技术负责人		工程师及以上	工程师及以上	助理工程师及以上	助理工程师及以上
技术骨干	专业技术人员	≥18人	≥10人	≥5人	≥2人
	其中水利专业初级及以上技术职称人数	≥10人	≥6人	≥2人	≥1人
	其中机电专业技术人员	≥2人	≥1人		
	其中水利专业中级及以上技术职称人数	≥3人	≥2人	≥2人	≥1人

续表

条件		一级证书、一级临时证书	二级证书、二级临时证书	三级证书、三级临时证书	四级证书、四级临时证书
技术骨干	其中水利专业高级及以上技术职称人数	≥2 人	≥1 人		
	其中信息化管理员	≥1 人	≥1 人	≥1 人	
操作人员	操作负责人	高级工（或水利专业中级及以上职称）	中级工（或水利专业初级及以上职称）	中级工（或水利专业初级及以上职称）	中级工（或水利专业初级及以上职称）
	操作人员数量	≥15 人	≥10 人	≥5 人	≥3 人
	其中电工人数	≥1 人	≥1 人	≥1 人	≥1 人
	其中水工监测工人数	≥6 人	≥4 人	≥2 人	≥1 人
	其中闸门运行工人数	≥3 人	≥2 人	≥1 人	≥1 人
业绩		非临时证书至少2个大型或防洪重点中型工程，临时证书不需要	非临时证书至少2个一般中型或重点小（1）型工程，临时证书不需要	非临时证书至少1个一般小（1）型或重点小（2）型工程，临时证书不需要	非临时证书至少1个一般小（2）型工程，临时证书不需要
注册资金（实缴）		≥150 万元	≥50 万元	≥20 万元	≥10 万元

②二级证书、二级临时证书。

持有二级证书、二级临时证书的承接主体可从事一般中型和重点小（1）型及以下规模水库物业化管理养护项目。

从事水利水电工程或土木工程咨询、设计、监理、施工的企业可以申报二级临时证书，不需要物业管理业绩，但申报二级临时证书需要具有水利水电咨询乙级或设计乙级或监理乙级或施工承包二级资质证书。

　　管理一般中型和重点小（1）型水库的水利水电工程管理单位可申报水库类二级临时证书。

　　承接主体取得二级临时证书满三年，且在此期间物业化管理养护业绩满足要求的，可向广东省水利厅或其授权委托的单位提交申请将二级临时证书转为二级证书，经评审合格的承接主体可授予二级证书。

　　此外，申报二级证书、二级临时证书还应满足表2-2的相应条件。

　　③三级证书、三级临时证书。

　　持有三级证书、三级临时证书的承接主体可从事一般小（1）型和重点小（2）型及以下规模水库物业化管理养护项目。

　　从事水利水电工程或土木工程咨询、设计、监理、施工的企业可以申报三级临时证书，不需要物业管理业绩，但申报三级临时证书需要具有水利水电工程咨询丙级或设计丙级或监理丙级或施工承包三级资质证书。

　　管理一般小（1）型和重点小（2）型水库的水利水电工程管理单位可申报水库类三级临时证书。

　　承接主体取得三级临时证书满三年，且在此期间物业化管理养护业绩满足要求的，可向广东省水利厅或其授权委托的单位提交申请将三级临时证书转为三级证书，经评审合格的承接主体可授予三级证书。

　　此外，申报三级证书、三级临时证书还应满足表2-2的相应条件。

　　④四级证书、四级临时证书。

　　持有四级证书、四级临时证书的承接主体可从事一般小（2）型水库物业化管理养护项目。

　　管理一般小（2）型水库的水利水电工程管理单位可申报水库类四级临时证书。

　　新成立的从事水利水电工程物业管理的企业可以申报四级临时证书。

承接主体取得四级临时证书满三年，且在此期间物业化管理养护业绩满足要求的，可向广东省水利厅或其授权委托的单位提交申请将四级临时证书转为四级证书，经评审合格的承接主体可授予四级证书。

此外，申报四级证书、四级临时证书还应满足表 2-2 的相应条件。

2）证书保持与管理。

①一级、二级、三级和四级证书有效期三年。有效期满后如果不升级需要进行延续申报，如果需要升级则需要重新申报。

②临时证书有效期为三年，临时证书持证单位在到达非临时证书条件后，可申请转为非临时证书。临时证书如果在有效期内不能转为非临时证书，则临时证书到期后自动取消并在三年内不能继续申报临时证书。

（3）承接大型及防洪重点中型、一般中型及重点小（1）型水库物业化管理养护项目的承接主体应在水库工程区设置水库物业化管理养护项目部；承接一般小（1）型及小（2）型水库物业化管理养护项目的承接主体应在水库工程区或在该水库所在县（市、区）行政区域内设置水库物业化管理养护项目部，可以流域水系或行政区域为单位采取连片打包、以大带小等形式同时承担多座小型水库物业化管理养护项目。

（4）水库物业化管理养护项目部应根据承接水库的规模和实际工作内容设立管理与技术岗位、技术工人岗位，实行定岗定责管理。水库物业化管理养护项目部岗位设置要求见表 2-3。承接主体项目部各类人员职责、任职条件见附录 A。

表 2-3　水库物业化管理养护服务项目部岗位设置要求

物业管理养护对象	大型及防洪重点中型水库	一般中型及重点小（1）型	一般小（1）型及重点小（2）型	一般小（2）型
管理与技术岗位设置	项目负责	项目负责	项目负责	项目负责
	项目技术负责	项目技术负责	项目技术负责	项目技术负责
	水工技术管理	水工技术管理	水工技术管理	水工技术管理

续表

物业管理养护对象	大型及防洪重点中型水库	一般中型及重点小（1）型	一般小（1）型及重点小（2）型	一般小（2）型
管理与技术岗位设置	大坝安全监测与信息化管理	大坝安全监测与信息化管理	大坝安全监测与信息化管理	
	机电设备和金属结构管理	机电设备和金属结构管理		
	水文预报与调度管理	水文预报与调度管理		
	安全生产与档案管理	安全生产与档案管理		
技术工人岗位设置	运行操作岗位	运行操作岗位	运行操作岗位	运行操作岗位
	监测岗位	监测岗位	监测岗位	
	巡查岗位	巡查岗位	巡查岗位	巡查岗位
	养护岗位	养护岗位	养护岗位	养护岗位
	维修岗位	维修岗位		
	安保岗位	安保岗位		

（5）水库物业管理养护维修项目部应建立健全各项管理制度，根据承接项目的实际情况，制定具体的管理制度，对员工进行定期培训并张贴上墙。

2.4 水库物业化管理养护合同管理

（1）水库管理单位（或水库主管部门）应通过公开、公平、公正的市场竞争机制择优确定物业化管理养护单位。

（2）水库管理单位（或水库主管部门）应规范合同内容和合同管理，合同应明确服务内容与要求、服务期限、服务费用与支付方式、服务考核办法与奖罚措施等内容。购买服务期限不应低于一年，应避免在汛期变更物业化管理养护单位。水库物业化管理养护合同案例见附录B。

（3）物业化管理养护单位应严格按合同约定和有关规定开展

服务活动，严禁将服务内容违法转包或分包。

（4）水库管理单位（或水库主管部门）每年定期对服务活动进行监督和考核，考核等级分为不合格、合格、优良。同时应根据考核结果和合同约定实施奖罚，对考核优良的物业化管理养护单位给予奖励，对考核不合格的物业化管理养护单位应责令整改，整改不到位的应及时终止履行合同。

（5）县级及以上水行政主管部门应加强物业化管理养护服务活动的监督检查和业务指导，及时纠正服务活动中的不规范行为，加强物业化管理养护单位的信用评价管理。

（6）水库物业化管理养护单位相关人员要认真履行工作职责。对不履行管护服务职责或履职不到位的物业化管理养护单位，纳入不良信用记录，禁止参与水利工程物业化管理养护服务，造成严重后果的，依法追究相关法律责任。

（7）水库物业化管理养护单位应当在合同终止时，将承接时接收的资料及物业管理期间的档案资料一并移交给水库管理单位（或水库主管部门）。

3 水库物业化管理养护技术要求

3.1 制度建设

（1）承接主体均应根据自身工程管理内容和特点，建立具有针对性和可操作性的运行管理制度，并定期修订与完善。

（2）水库运行管理制度主要包括：巡视检查、安全监测、调度运行、运行操作、维修养护、防汛物资管理、应急抢险及报告、岗位责任制、防汛值班、大事记、档案管理等。水库运行管理制度分类及编制内容见附录 C。

3.2 巡视检查

3.2.1 一般规定

巡视检查（巡查）分为日常检查、定期检查和特别检查。

（1）日常检查。汛期每天不少于 1 次。非汛期每周不少于 2 次，间隔不少于 3 天。水库受强降雨影响、库水位超过汛限水位或当地启动防汛防台风应急响应时，巡查人员应 24 小时现场值守。

（2）定期检查。每年汛前、汛中，防汛行政责任人组织防汛大检查。防汛技术责任人组织开展汛后检查。

（3）特别检查。在库区或坝址附近发生地震、遭遇大洪水、库水位骤变、高水位、冰冻灾害、水库放空以及其他影响大坝安全运行的特殊情况时，立即开展检查。

3.2.2 检查要求

3.2.2.1 巡查路线

（1）巡查路线应在工程巡视检查制度中明确规定。

（2）检查坝顶、坝坡和岸坡。按已设定巡查路线检查，同时注意观察坝前水面和坝后水位情况。

（3）巡查路线可参考：输水涵管进口—坝前水质水情—迎水坡（从左至右）—坝顶（从右至左）—背水坡一级马道（从左至右）—背水坡二级马道（从右至左）—坝后反滤体（集渗沟）—输水涵管出口—溢洪道—近坝岸坡—其他管理和保护范围。

3.2.2.2 巡查项目

巡查项目可参照《广东省水利工程巡查细则》执行。检查范围包括坝体、坝基、坝区、输泄水洞（管）、溢洪道、工程结合部、闸门及金属结构、白蚁危害、监测设施、工程管理和保护范围、水体水质、库内漂浮物以及近坝岸坡。

3.2.3 记录和报告

（1）巡查人员应使用粤坝卫士巡查 APP 或能与省级平台互联互通的巡查软件实施巡查，现场不具备上网条件的，可采用纸质或 APP 离线记录，巡查结束后，应及时将巡查记录上传，巡查记录表格式见附录 D。

（2）巡查人员发现险情时应立即向承接主体项目负责人和技术负责人汇报，并向水库管理单位负责人和水库防汛技术责任人报告。

（3）应定期对原始巡查记录加以整编和分析。发现异常情况应及时上报，派专人到现场核查，并做好应急处置准备。

3.2.4 工程缺陷和隐患处理

（1）对检查中发现的工程缺陷或隐患，承接主体应组织相关人员分析判断可能产生的不利影响，进行隐患程度分类（一般安全隐患、重大安全隐患），提出处理意见、措施，处理内容属于管护服务范围的，应及时组织实施。

（2）工程缺陷和隐患处理原则如下：

1）日常检查、汛中检查发现的缺陷与一般安全隐患，应限时完成处理；一时难以处理的，应尽快开展专项维修。

2）汛前检查发现的缺陷与一般安全隐患，一般应在主汛前完成处理。

3）汛后检查发现的缺陷与一般安全隐患，一般应在下一年汛前处理完成。

4）检查中发现影响水库大坝运行安全的重大安全隐患，应迅速研究处理，并及时报告上级主管部门。

3.3 维修养护

3.3.1 一般规定

（1）水库工程的养护修理工作应坚持"经常养护，随时维修，养重于修，修重于抢"的原则，应做到及时消除大坝枢纽的表面缺陷和局部工程问题，随时防护可能发生的损坏，保持大坝枢纽的安全、完整、正常运行。

（2）落实经常检查制度，及时发现问题，注重进行日常保养和局部修补，保持工程完整、设备完好。

（3）养护修理工作应按照《土石坝养护修理规程》（SL 210）、《混凝土坝养护修理规程》（SL 230）及国家和行业有关现行标准、规范和规定执行。

（4）工程养护修理的主要工作要点：确定养护修理项目和内容，编制计划和方案，落实养护修理经费，开展养护修理工作，组织考核验收。维修养护记录表见附录 E。

（5）当工程发生事故，危及工程安全时，承接主体应在水库管理单位（或水库主管部门）的指导下，立即组织力量进行抢修（或抢险）。

（6）开展工程检查观测、养护修理，使用机械、动力、电气等设备时，操作人员应严格遵守操作规程。

（7）开展经常性养护维修和抢修，均以恢复或局部改善原有结构为原则；如需扩建、改建，应列入基本建设计划，履行基建程序。

3.3.2 主体工程养护

3.3.2.1 土石坝养护

土石坝养护主要内容包括坝顶、坝端、坝坡、混凝土面板、坝基与坝区、泄输水建筑物、排水设施、闸门及启闭设备、地下洞室、边坡安全监测设施及其他辅助设施等。主体工程养护内容包括坝顶、坝坡、混凝土面板、坝区等。

1. 坝顶养护

（1）应及时清除坝顶的杂草、弃物。坝顶出现的坑洼和雨淋沟缺应及时用相同材料填平补齐，并保持一定的排水坡度。坝顶公路路面应经常规范养护，出现损坏时应及时按原路面要求修复，不能及时修复的应用土或石料临时填平。

（2）防浪墙、坝肩、踏步、栏杆、路缘石等出现局部破损时应及时修补或更换，保持完整和轮廓鲜明。

（3）应及时清除坝端的堆积物。坝端出现局部裂缝坑、凹时应查明原因，并及时填补。

（4）坝顶灯柱歪斜，线路和照明设备损坏时，应及时修复或更换。

（5）坝顶排水系统出现堵塞、淤积或损坏时，应及时清除和修复。

2. 坝坡养护

（1）坝坡养护应达到坡面平整、无雨淋沟，无荆棘杂草丛生现象；护坡砌块应完好，砌缝紧密，填料密实，无松动、塌陷、脱落、架空等现象；排水系统应完好无淤堵。

（2）干砌块石护坡养护应符合下列规定：

1）及时填补、楔紧个别脱落或松动的护坡石料。

2）及时更换风化或冻毁的块石，并嵌砌紧密。

3）块石塌陷、垫层被淘刷时，应先翻出块石，恢复坝体和垫层后，再将块石嵌砌紧密。

（3）混凝土或浆砌块石护坡养护应符合下列规定：

1）及时填补伸缩缝内流失的填料，填补时应将缝内杂物清洗干净。

2）护坡局部发生剥落、裂缝或破碎时，应及时采用水泥砂浆表面抹补、喷浆或填塞处理，处理时应将表面清洗干净。如破碎面较大，且垫层被淘刷、砌体有架空现象时，应临时用石料填塞密实，待岁修或大修时按《土石坝养护修理规程》（SL 210）的规定彻底修理。

3）排水孔如有不畅，应及时疏通或补设。

4）堆石护坡或碎石护坡因石料滚动造成厚薄不均时应及时整平。

（4）草皮护坡养护应符合下列规定：

1）应经常修整、清除杂草、防治病虫害，保持护坡完整美观。若杂草严重应及时用化学或人工去除杂草；发现病虫害时，应立即喷洒杀虫剂或杀菌剂；使用化学药剂时，应防止污染环境。

2）草皮干枯时，应及时洒水或施肥养护。

3）出现雨淋沟时，应及时还原坝坡，补植草皮。

4）坝坡坡面排水系统、坝体与岸坡连接处的排水沟、两岸山坡上的截水沟出现堵塞、淤积或损坏时，应及时清除和修复。

3. 混凝土面板养护

（1）水泥混凝土面板的养护和防护可参照混凝土表面养护与防护的有关规定执行。

（2）沥青混凝土面板的养护应采取下列措施：

1）表面封闭层出现龟裂、剥落等老化现象时应及时进行修复。

2）夏季气温较高的地区，应采用浇水的方法对沥青混凝土面板表面进行降温，防止斜坡流淌。

3）冬季气温较低的地区，应采取保温措施，防止沥青混凝土面板冻裂。

（3）面板变形缝止水带的止水盖板（片）、嵌缝止水条、柔性填料等出现局部损坏、老化现象时，应及时修复或更换。

4. 坝区养护

（1）设置在坝区范围内的排水设施、监测设施、交通设施和绿化等，应保持完整、美观，无损坏现象。

（2）绿化区内的树木、花卉出现缺损或枯萎时，应及时补植或灌水、施肥养护。

（3）坝区范围内出现白蚁活动迹象时，应按第3.8.3节的规定进行治理。

（4）坝区范围内出现新的渗漏逸出点时，应设置观测设施进行持续观测，分析查明原因后再行处理。

（5）上游设有铺盖的土石坝应避免放空水库，防止铺盖出现干裂或冻裂。应避免库水位骤降引起坝体滑坡，损坏铺盖。

（6）坝区内的排水导渗设施养护应符合下列规定：

1）应达到无断裂、损坏、堵塞、失效现象，排水畅通。

2）应及时清除排水沟管内的淤泥、杂物及冰塞，保持通畅。

3）排水沟（管）局部出现松动、裂缝和损坏时，应及时用水泥砂浆修补。

4）排水沟（管）的基础遭受冲刷破坏时，应先恢复基础，后修复排水沟（管）。修复时应使用与基础相同的土料并夯实。排水沟（管）如设有反滤层时，应按设计标准进行修复。

5）应随时检查修补滤水坝趾或导渗设施周边山坡的截水沟，防止山坡浑水淤塞坝趾导渗排水设施。

6）减压井应经常进行清理疏通，必要时洗井，保持排水畅通；周围如有积水渗入井内，应将积水排干，填平坑洼保持井周无积水。减压井的井口应高出地面，防止地表水倒灌。如减压井已被损坏无法修复，可将该减压井用滤料填实，另建新减压井。

7）应经常检查并防止土石坝的导渗和排水设施遭受下游浑水倒灌或回流冲刷，必要时可修建导流墙或将排水体上部受回流影响部分的表层石块用砂浆勾缝，排水体下部与排水暗沟相连，保证排水体正常排渗。

3.3.2.2 混凝土坝养护

混凝土坝养护主要内容包括混凝土建筑物表面、变形缝止水设施排水设施、闸门及启闭设备、地下洞室、边坡、安全监测设施及其他辅助设施等，以及碳化与氯离子侵蚀、化学侵蚀等的防护。主体工程包括混凝土表面养护和防护、混凝土碳化与氯离子侵蚀防护、化学侵蚀防护。

1. 混凝土表面养护和防护

（1）混凝土建筑物表面及沟道等应经常清理，保持表面清洁整齐，无积水、散落物、杂草、垃圾和乱堆的杂物、工具等。

（2）过流面应保持光滑、平整；泄洪前应清除过流面上可能引起冲磨损坏的石块和其他重物。

（3）混凝土建筑物表面出现轻微裂缝时，应加强检查与观测，并采取封闭处理等措施。

（4）出现渗漏时，应加强观测，必要时采取导排措施。

（5）混凝土表面剥蚀、磨损、冲刷、风化等类型的轻微缺陷，宜采用水泥砂浆、细石混凝土或环氧类材料等及时进行修补。

2. 混凝土碳化与氯离子侵蚀防护措施

（1）对碳化可能引起钢筋锈蚀的混凝土表面采用涂料涂层全面封闭防护。碳化与氯离子侵蚀引起钢筋锈蚀时，应采用涂料涂层封闭等防护措施。

（2）对有氯离子侵蚀的钢筋混凝土表面采用涂料涂层封闭防护，也可采用阴极保护。

3. 化学侵蚀防护措施

（1）已形成渗透通道或出现裂缝的溶出性侵蚀，可采用灌浆封堵或加涂料涂层防护。

（2）酸类和盐类侵蚀可采取下列防护措施：

1）加强环境污染监测，减少污染排放；

2）轻微侵蚀的采用涂料涂层防护，严重侵蚀可采用浇筑或衬砌形成保护层防护。

（3）常用防护材料可按《混凝土坝养护修理规程》（SL 230）选用。防护涂料老化后应及时更新。

3.3.2.3 输水洞（涵管）及溢洪道（含泄洪闸）养护

（1）输水洞出现分缝渗漏、内外力所引起的各种裂缝时，常用洞内修补、补强、衬砌、套管及灌浆等措施进行处理。

（2）溢洪道进口、陡坡、消力池以及挑流设施应保持整洁，如有石块和竹木等杂物，应清除；溢流期间应注意打捞上游的漂浮物，严禁木排及船只等靠近溢洪道进口。

（3）溢洪道或其他泄水建筑物，如果有陡坡开裂、侧墙砌石和消能设施损坏时，有条件的应立即停止过水进行抢修，且应使用速凝、快硬黏结材料。

（4）输水洞在纵断面突变处、高流速区以及压力管道闸（阀）门因振动出现气蚀破坏时，应及时用抗气蚀性能较好的材料进行填补加固，如环氧树脂砂浆、钢渣混凝土或金属板等，并尽可能改善和消除产生气蚀不利因素。

（5）溢洪道挑流消能如引起两岸崩塌或冲刷坑恶化危及挑流鼻坎安全时，应及时予以保护。条件允许时可调整泄量减轻冲刷。

（6）溢洪道、输水洞的闸（阀）门，应及时做防锈、防老化防护，遇有因撞击、振动、结构变形等造成损坏时，应及时修补加固；闸门支铰、门轮和启闭设备，应定期清洗、加油、换油、进行养护；部件及闸门止水损坏应及时更换。启闭机的电器部分应做好防潮和防雷等安全措施。

3.3.3 排水设施养护

（1）坝面、廊道、地下洞室、边坡及其他表面的排水沟、排水孔应经常进行人工或机械清理，保持排水通畅。

（2）坝体、基础、溢洪道边墙及底板、地下洞室、护坡等的排水孔应经常进行人工掏挖或机械疏通。疏通时不应损坏孔底反滤层。无法疏通时，应在附近增补排水孔。

（3）集水井、集水廊道的淤积物应及时清除。抽排设备应经常进行维护，保证正常抽排。

（4）地下洞室的顶拱、边墙等部位出现渗漏时，应增设排水孔，并设置导排设施。

3.3.4 变形缝止水设施养护

（1）沥青井养护应采取下列措施：

1）出流管、盖板等设施应经常保养，溢出的沥青应及时清除。

2）沥青井应每5～10年加热一次，沥青不足时应补灌，沥青老化及时更换，更换的废沥青应回收处理。

（2）变形缝填充材料养护应采取下列措施：

1）变形缝充填材料老化脱落时应及时更换相同材料或应用较为成熟的新材料进行充填封堵。

2）变形缝填充施工前应将变形缝清理干净，若存在渗漏现象，应先进行渗漏处理，保持缝内干燥。

（3）应定期清理各类变形缝止水设施下游的排水孔，保持排水通畅。

3.3.5 设施设备维修养护

（1）检查闸门运行状况，如有损坏，上报专业技术人员并开展调查，制定维护方案，修复至原状。若遇特殊情况（正常耗损，自然灾害）而导致设备不能正常运行的，应另行解决。

（2）定期给钢丝绳和螺杆及启闭机加润滑油脂，每年对闸门（阀门）做一次油漆、防腐处理，若止水带不能发挥作用应及时更换。具体要求参照《水工钢闸门和启闭机安全运行规程》（SL 722）。

3.3.6 地下洞室养护

（1）地下洞室的衬砌混凝土养护应按3.3.2.2的规定执行。发现局部衬砌漏水时，应加强观测，并采取封堵和导排措施。

（2）地下洞室内的排水廊道、排水沟、排水孔出现淤积、堵塞或损坏时，应及时采取人工掏挖、机械疏通或高压水冲洗等方法进行疏通和修复。

（3）应加强洞室顶拱、边墙等部位的检查，及时清除裸露岩体表面松动的石块，清理隧洞内的积渣；应对地下厂房渗漏点进行截堵或导排，做好通风防潮工作。

（4）应加强对地下厂房内岩锚吊车梁的观测，发现裂缝时应按《混凝土坝养护修理规程》（SL 230）的规定及时分析处理。

（5）过流隧洞应定期进行排干检查与维护。应经常清理过流隧洞进口附近的漂浮物。

（6）地下洞室围岩若出现大面积掉块的现象，应采用喷锚或混凝土衬砌的方法加以保护。

3.3.7 安全设施养护

（1）水库工程管理和保护范围内应设置界桩、安全警示牌及标识牌，并根据需要设置安全警戒标志。兼做公路的坝顶及公路桥两端应设置限载、限速等标志。重要部位应配备封闭围栏、视频监控、安保报警等安全管理设施。有水资源保护任务的水库可对水库工程区管理范围实行封闭管理，应配备监控、警示标识等水源保护设施。

（2）护栏、围网应确保设施牢固可靠，不得悬挂、晾晒物品。

（3）护栏、围网发生变形、损坏，应及时采取安全防护措施，并进行修复，修复应与原结构、材质、色调协调。

（4）危险地段或重要地段应设置标识牌、警示牌，标识牌、警示牌应清洁、完好，标牌字体和符号应完整、清晰。

（5）标识牌、警示牌安装应牢固可靠，不得布设在无障碍道上，不得妨碍行人通行。

（6）采用绿篱带作为安全隔离的，应定期对绿篱带进行检查，出现缺损应及时更换、补种。

（7）防撞墩、限位墩应保持完好，出现缺损，应及时恢复。

3.3.8 边坡养护

（1）混凝土喷护边坡表面滋生的杂草与杂物应及时清除。

（2）边坡排水沟、截水沟内的杂草与淤积物等应及时清除，保持沟内清洁与流水畅通。排水沟、截水沟表面出现的破损应及时整修恢复。排水孔出现堵塞时应及时疏通。

（3）应定期观察边坡的稳定情况，清除落石，必要时设置防护设施。

（4）边坡出现冲沟、缺口、沉陷及坍落时应进行整修。

（5）边坡挡土墙应定期检查，发现异常现象应及时采取下列措施：

1）清除挡土墙上的草木。

2）墙体出现裂缝或断缝时，应先进行稳定处理，再进行补缝。

3）排水孔应保持畅通，出现严重渗水时，应增设排水孔或墙后排水设施。

（6）边坡锚固系统的养护应符合下列规定：

1）应定期检查边坡支护锚杆的外露部分是否出现锈蚀。如锈蚀严重，应先去锈，再用水泥砂浆保护。

2）应定期检查边坡支护预应力锚索外锚头的封锚混凝土的碳化与剥蚀情况。如碳化或剥蚀情况较为严重，应按《混凝土坝养护修理规程》（SL 230）的有关规定进行处理。

3）应加强锚杆和预应力锚索支护边坡的防水、排水工作，防止地下水入渗，减轻或避免地下水对锚杆和锚索的腐蚀作用。

3.3.9 监测设施设备维护

（1）监测系统仪器设备、装置、线缆等应设置标识和采取必要的防护措施，避免暴雨雷击、动物侵害、人为损害等影响。对易受环境影响或安装在坝体外部的仪器设备，应考虑日照、雨淋、冰冻、风沙等恶劣天气的影响，必要时应采取特殊防护措施。

（2）定期检查监测设备工作与运行状况，包括接线是否牢固，电触点是否灵敏，有无断线、漏电现象，防雷设施是否正常，接地电阻是否合格，电缆有无老化损坏等；对有问题的监测设备应及时修复改善，必要时应更换。

（3）承接主体应做好监测设施设备的日常维护和仪器的校准或检定工作，使监测仪器正常、精度达标，保证监测设施可靠运用。监测仪器、仪表一般每年应进行一次校准或检定；水位、雨量监测设施、自动化监测系统每年汛前应维护一次；测压管应每2年进行一次灵敏度检查。

（4）应做好监测设施管理维护记录，并存档备查。

（5）监测人员安全劳动保护用品应经常检查、维护或更新。

3.3.10 内部交通道路（上坝路、环库路、防汛码头）养护

（1）水库的交通设施应包括水库管理所需的对外交通、内部交通设施和必要的交通工具。水库管养范围内的内部交通道路路面应保持平整，满足防汛巡查及运送防汛物资的需要。道路维修养护参照《城镇道路养护技术规范》（CJJ 36）执行。

（2）坝顶道路、上坝路、环库路等一般仅供行人通行和防洪抢险。当需作为公共道路行驶车辆时，应经水行政主管部门许可，按相关道路要求设置限重、限高标识和防护警示设施，在道路两端及一定位置设置管理责任牌，明确应急联系方式和人员。在防汛或抢险时期应对相关道路与坝顶道路、上坝路、环库路等的接口进行管控。

3.3.11 绿道养护

划入水库管养范围内的绿道及绿道两边绿化保洁，应及时清除杂草、杂物，确保绿道整洁、干净。具体要求参照《城镇道路养护技术规范》（CJJ 36）执行。

3.3.12 其他养护

（1）有排漂设施的应定期排放漂浮物并及时清运；无排漂设施的可利用溢流表孔定期排漂，无溢流表孔且漂浮物较多的，可采用浮桶、浮桶结合索网或金属栏栅等措施拦截漂浮物并定期清理。

（2）应定期监测坝前泥沙淤积和泄洪设施下游冲淤情况。淤积影响枢纽正常运行时，应进行冲沙或清淤；冲刷严重时应进行防护。

（3）坝肩和输、泄水道的岸坡应定期检查，及时疏通排水沟、孔，对滑坡体及其坡面损坏部位应立即处理。

（4）大坝上设置的钢木附属设备（灯柱、线管、栏杆、标点盖等）应定期涂刷油漆，防锈防腐。

（5）应保证大坝两端的山坡和地面截水设施正常工作，防止水流冲刷坝顶、坝坡或坝脚，应及时清理岸坝结合部山坡的滑坡堆积物，并及时处理滑坡部位。

（6）应定期检查输水洞、涵、管等的完好情况及其周围土体的密实情况，及时填堵存在的接触缝和接触冲刷形成的缺陷；定期检查大坝管理信息系统的运行状况，线路、网络、设施出现故障时应及时排除或更换。

（7）应及时打捞漂至坝前的较大漂浮物，避免遇风浪时撞击坝坡。

（8）应加强水库库岸周边安全护栏、防汛道路、界桩、告示牌等管理设施的维护与维修。

3.3.13 工程修理

（1）土石坝修理包括坝坡修理、混凝土面板修理、坝体（裂缝、滑坡、渗漏）修理、坝基与坝肩修理、泄输水建筑物修理、边坡修理、闸门与启闭设备修理、排水导渗设施修理以及坝下埋涵管修理、边坡修理、枢纽其他水工建筑物修理等；混凝土坝修理包括裂缝修补、混凝土结构补强加固、渗漏处理、剥蚀、磨损、空蚀及碳化修理、水下修补及清淤（渣）。

（2）修理只是对原有工程进行修复或加固，不改变原有工程型式和结构；如果改变原有工程结构形式和规模，则属于改建或扩建性质，不属工程修理范畴；修理包括岁修、大修和抢修，大修和抢修不应纳入购买服务范围。修理按相关规定执行。

（3）凡涉及安全度汛的修理项目，应在汛前完成；汛前完成有困难的，应采取临时安全度汛措施；临时安全度汛措施应报上级主管部门批准（或备案）。

（4）土石坝大坝坝坡、混凝土面板、坝体裂缝、坝体滑坡、大坝渗漏、排水导渗设施、坝下埋涵（管）、边坡的修理；混凝土坝裂缝修补、混凝土结构补强加固、渗漏处理、剥蚀、磨损、空蚀及碳化修理、水下修补及清淤（渣）等详见《土石坝养护修理规程》（SL 210）和《混凝土坝养护修理规程》（SL 230）的规定。

3.4 运行操作

3.4.1 一般规定

（1）运行操作应严格依照购买主体或水库管理单位授权调度指令开展。禁止不按授权指令操作或未经授权擅自执行调度操作。运行操作或调度过程中若发生异常情况，应及时向承接主体或水库管理单位（产权所有者）报告。

（2）运行操作岗位应落实相对固定的技术人员负责，禁止非运行操作人员进行运行操作。

（3）承接主体应按照《水闸技术管理规程》（SL 75）和《水工钢闸门和启闭机安全运行规程》（SL 722）的要求，根据机电设备、放水设施等特性制定切实可行的运行操作规程；运行操作应严格按照操作规程开展，杜绝运行安全事故发生；操作规程应在操作岗位醒目位置上墙。

3.4.2 闸门启闭操作要求

（1）闸门开启前检查闸门启闭设备、电气设备、供电电源是否符合运行要求，闸门运行路径有无卡阻物，确认正常后方可启闭操作。

（2）泄水设施闸门启闭操作应满足下列要求：

1）闸门操作人员一般安排 2 人，1 人操作，另 1 人监护。

2）闸门按设计要求进行操作运用，应同时分级均匀启闭。多孔闸门开闸时先中间、后两边，由中间向两边依次对称开启；关闸时先两边、后中间，由两边向中间依次对称关闭。

3）当初始开闸或较大幅度增加流量时，采取分次开启的方法，使过闸流量与下游水位相适应。

4）闸门开启高度应避免处于发生振动的位置；如需改变运行方向，则应先停机，再换向。

5）闸门启闭时，操作人员应服从指挥，集中精力，不得擅自离开岗位，严加监视，保障设备和人员安全。若发现闸门有停滞、卡阻、杂声等异常现象，应立即停止运行，并进行检查处理，待问题排除后方能继续操作。

（3）放水设施闸门启闭操作应满足下列要求：

1）闸门开启时，应先小开度提门充水平压后再行正常开启；闸门关闭时，应尽量慢速以保持通气孔顺畅。

2）过闸水流应保持平稳，运行中如出现闸门剧烈振动，应及时调整闸门开度。

3）闸门启闭时应密切注意运行方向，如需改变运行方向，则应先停机，再换向。

4）闸门启闭应严格限位操作，当闸门接近最大开度或关闭接近闸底槛时，应保持慢速并做到及时停止启闭，以避免启闭设备损坏。

5）避免输水涵洞长时间处于明满流交替运行状态。

（4）防汛期间，泄水设施闸门故障无法启闭时，应按有关预案要求处理。

（5）闸门启闭结束后，操作人员应校对闸门开度，观察上、下游水位及流态，切断电源，同时做好闸门启闭运行记录。

3.4.3 运行操作记录和报告

（1）操作人员应按要求填写运行操作记录，及时、真实记录运行操作情况。运行操作记录格式可参考附录 F。

（2）运行操作记录内容应包括：操作依据，操作时间，操作人员，操作过程历时，上、下游水位及流量、流态情况，操作前后设备状况，操作过程中出现的异常情况和采取的措施，操作人员签字等。

（3）记录本应放置于操作岗位醒目位置，所有运行操作均应记录在案并按月分册存档。

3.5 安全管理

3.5.1 一般规定

（1）水库管护实行购买服务后，工程安全管理责任主体不变。

（2）承接主体负责其工作范围内的工程安全管理与安全生产管理工作，并协助水库主管部门和管理单位做好工程安全管理。

（3）承接主体应建立安全管理制度，落实安全责任制，加强安全生产管理工作。安全管理记录及相关资料见附录G。

3.5.2 工程安全管理要求

（1）承接主体应制定汛期值班值守制度，遇连续暴雨、大暴雨、库水位快速上涨或高水位时，应安排项目技术负责人和水库巡查管护人员参与水库24小时值班值守。

（2）承接主体应按照工作权限及时阻止破坏和侵占水利工程、污染水环境以及其他可能影响人员安全、工程安全和水质安全的行为，并及时报告购买主体或水库管理单位。

（3）承接主体应按照安全管理（防汛）应急预案的要求，参加水库大坝突发事件应急处置，负责巡视检查、险情报告和跟踪观测，配合开展工程抢险和应急调度，参与应急演练。

3.5.3 安全生产管理要求

（1）承接主体应明确安全生产责任，建立安全防火、安全保卫、安全技术教育、事故处理与报告等安全生产管理制度。

（2）承接主体应开展安全生产教育和培训，特种作业人员应持证上岗。

（3）在机械传动部位、电气设备等危险部位应设有安全警戒线或防护设施，安全标志应齐全、规范。

（4）应按规定定期对消防用品、安全用具进行检查、检验，确保其齐全、完好、有效。

3.6 档案管理

3.6.1 一般规定

（1）技术档案包括以文字、图表、照片等纸质件及音像、电子文档等形式存在的各类资料。

（2）建立健全各项工程运行管养档案，详细记录，编审大事记，积累资料，分析整编并归档。

3.6.2 技术档案内容

（1）上级批示、重要专题会议及有关协议等；水库工程管理的各种标准、规范、规程、管理办法；文书档案等。

（2）水库工程建设及除险加固的规划、地质、设计、招标、投标、施工、安装、监理、验收等技术文件、图纸和技术总结等。

（3）工程施工期、初蓄期及运行以来，出现问题的部位、性质和发现的时间，处理情况及其效果；工程蓄水和竣工安全鉴定及各次大坝安全定期检查的结论、意见和建议。

（4）水库维修养护的设计、招标、投标、施工、安装、监理、验收等技术文件、图纸和技术总结等。

（5）水库运行管理状况：作用（荷载）、水位、温度、地下水的变化，混凝土养护修理情况等。

（6）工程维修养护施工情况：材料、配合比、试验数据、浇筑及养护、质量控制记录、工程进度、施工环境、竣工资料、验收报告等。

（7）工程检查、观测（变形、渗流、温度、应力及水位等）的原始记录、整理整编资料；水文、气象观测原始资料、整编资料等。

（8）闸门开关记录、进出库流量、调度运用等日常运行管理资料。

（9）白蚁防治及其他有害生物防治资料。

（10）自动监测、监控技术文件、图纸及软件，视频监视文件图纸等，科研成果文件、资料、图纸、证书等以及有关声像资料。

（11）水库管理范围内开发利用建设项目的相关资料。

（12）建筑物使用功能、安全性、耐久性、美观等资料。

3.6.3 归档与保管

（1）按相关规定建立档案室，做到防潮、防火、防盗。

（2）档案资料规范齐全，分类清楚，存放有序。使用国家规范规定的科技档案卷盒、卷夹、案卷封面、卷内目录、卷内备考表等。档案管理记录表见附录 H。

3.7 安全监测

3.7.1 一般规定

（1）工程观测和监测项目一般应包括下列内容：

1）土石坝：变形、沉降、位移、渗流（绕坝渗流）、浸润线、渗流量。坝基有承压水的还应观测坝基及坝址附近的渗水压力。

2）混凝土坝和圬工坝：沉降、位移、伸缩缝、扬压力（轻型坝免测）、渗流量和混凝土温度。

3）泄水和输水建筑物：沉降、位移、扬压力、水流形态，上、下游河床变形。

4）其他必要时增测的有关项目。

（2）工程观测和监测采用的平面坐标及水准高程，应与设计、施工和运行诸阶段的控制网坐标系统相一致。宜采用 85 国家高程系统。

（3）为保证工程能获得施工或蓄水期初始数据，在永久监测系统完工前可设置临时监测设施进行监测。临时监测设施应与永久监测系统建立数据传递关系，确保监测数据的连续性。

（4）保持监测工作的系统性、连续性和可靠性，按照规定的项目、测次和时间，在现场进行观测。要求做到"四随"（随观测、随记录、随计算、随校核）、"四无"（无缺测、无漏测、无不符合精度、无违时）、"四固定"（人员固定、设备固定、测次固定、时间固定），以确保观测精度和效率。

（5）工程观测和监测项目及测次应按附录 I 的相关要求执行。异常或险情状态下，应根据工程实际状况和安全论证需要提出专门布置和要求。

（6）监测工作应固定专业人员负责，观测资料及成果应真实、完整、连续、准确；按统一表格做好记录，对每次检查与观测的现场记录、测值应及时进行整理分析、绘制图表；还应做好相应日报、月报、季报、年报和资料整编建档。如有突变现象，问题严重的应及时请示报告。

3.7.2　水文、气象观测

水文、气象观测项目有水位、降水量、流量观测。

（1）水位观测：

1）观测设备：一般应设置水尺或自记水位计；有条件时，可设遥测水位计或自动测报水位计。观测设备延伸测读高程应低于库死水位、高于校核洪水位。水尺零点高程每年应校测一次，有变化时应及时校测。水位计每年汛前应检验。

2）观测要求：每天观测一次，汛期还应根据需要调增测次，开闸泄水前后应各增加观测一次。观测精度应达到 1cm，做到当场观测、当场记录、当场核对。

（2）降水量观测：

1）观测设备：一般采用雨量器；有条件时，可用自记雨量计、遥测雨量计或自动测报雨量计。

2）观测方法和要求：定时观测以北京时间 8 时为日分界，从本日 8 时至次日 8 时的降雨量为本日的日降雨量；分段观测从 8 时开始，每隔一定时段（如 12、6、4、3、2 或 1 小时）观测一次；遇大暴雨时应增加测次。观测精度应达到 1mm，做到当场观测、当场记录、当场核对。

（3）流量观测：

1）测点布置：出库流量应在溢泄道、泄洪闸下游、灌溉涵洞出口处的平直段布设观测点；入库流量应在主要汇水河道的入口处附近设置观测点。

2）观测设备：一般采用流速仪，有条件的可采用 ADCP（超声波）测速仪。

3.7.3　渗流监测

（1）渗流监测项目主要有混凝土坝坝基扬压力、土石坝坝体和坝基渗流压力、绕坝渗流及渗流量等观测。

（2）坝体渗流压力观测，包括观测断面上的压力分布和浸润线位置的确定。

1）观测仪器的选用应符合下列要求：

①作用水头大于 20m、渗透系数小于 10^{-4} cm/s 的土中、监测不稳定渗流过程以及不适宜埋设测压管的部位，宜采用孔隙水压力计，其量程应与测点实际可能承受的压力相适应。

②作用水头小于 20m、渗透系数大于等于 10^{-4} cm/s 的土中、渗压力变幅小的部位、监视防渗体裂缝等，宜采用测压管或孔隙水压力计。

2）观测方法和要求：

①测压管水位的观测，宜采用电测水位计。有条件的可采用示数水位计、遥测水位计或自记水位计等。测压管水位，每次应平行测读 2 次，其读数差不应大于 1cm；电测水位计的长度标记，应每隔 3～6 个月用钢尺校正；测压管的管口高程，在施工期和初蓄期应每隔 3～6 个月校测 1 次，在运行期每两年至少校测 1 次；疑有变化时随时校测。

②孔隙水压力计的监测，应测记稳定读数，其 2 次测读差值不应大于 2 个读数单位，测值物理量宜用渗流压力水位表示。在隧洞监测时，也可直接用渗压表示。

（3）坝基扬压力和渗流压力观测，包括坝基天然岩石层、人工防渗和排水设施等关键部位渗流压力分布情况的观测。当接触面处的测点选用测压管时，其透水段和回填反滤料的长度宜小于 1.0m。

（4）绕坝渗流观测，包括两岸坝端及部分山体、坝体与岸坡或与混凝土建筑物接触面，以及防渗齿墙或灌浆帷幕与坝体或两岸接合部等关键部位。

（5）渗流量观测，包括渗漏水的流量及其水质观测。水质观测中包括渗漏水的温度、透明度观测和化学成分分析。

1）渗流量的测量可采用下列方法：

①当渗流量小于 1L/s 时,宜采用容积法。

②当渗流量为 1～300L/s 时,宜采用量水堰法,量水堰及其安装应符合相关规范的要求。

③当渗流量大于 300L/s 时或受落差限制不能设置量水堰时,应将渗漏水引入排水沟中采用测流速法。

④廊道或平洞排水沟的渗漏水,可用量水堰量测。排水孔的渗漏水可用容积法量测。

⑤坝体靠上游面排水管渗漏水,流入排水沟后,可分段集中量测。

⑥坝体混凝土缺陷、冷缝和裂缝的漏水,一般用目视观察。漏水量较大时,应设法集中后用容积法量测。

2）观测方法及要求:

①渗流量及渗水温度、透明度的观测次数与渗流压力观测相同。化学成分分析次数可根据实际需要确定。

②量水堰堰口高程及水尺、测针零点应定期校测,每年至少 1 次。

③用容积法时,充水时间不少于 10s。两次测量的流量误差不应大于均值的 5%。

④用量水堰观测渗流量时,水尺的水位读数应精确到 1mm,测针的水位读数应精确到 0.1mm,堰上水头两次观测值之差不大于 1mm。

⑤测流速法的流速测量,可采用流速仪法。两次流量测值之差不大于均值的 10%。

⑥观测渗流量时,应测记相应渗漏水的温度、透明度和气温。温度应精确到 0.1℃,透明度观测的两次测值之差不大于 1cm。出现浑水时,应测出相应的含沙量。

⑦坝体漏水和坝基渗漏水应分别量测。坝基河床或两岸的渗漏水应分段量测,必要时可对每个排水孔单独量测。

⑧渗水化学成分分析可按水质分析要求进行,并同时取水库水样做相同项目的对比分析。

3.7.4 变形监测

（1）变形监测项目主要有坝体表面变形、坝体内部变形、坝体倾斜、坝基变形、裂缝及伸缩缝观测等。

（2）竖向位移和水平位移观测一般共用一个观测点，且竖向和水平位移观测应配合进行。

（3）观测基点应设置在稳定区域内，每隔3～5年校测一次；测点应与坝体或岸坡牢固结合；基点和测点应有可靠的保护装置。有条件时，也可以用双金属标、倒垂作为观测基点。

（4）变形观测的正负号规定如下：

1）水平位移：向下游为正，向左岸为正；反之为负。

2）竖向位移：向下为正，向上为负。

3）裂缝和伸缩缝三向位移：对开合，张开为正，闭合为负；对沉降，同竖向位移；对滑移，向坡下为正，向左岸为正，反之为负。

（5）表面变形观测包括竖向位移和水平位移；水平位移包括垂直坝轴线的横向水平位移和平行坝轴线的纵向水平位移。观测方法和要求如下：

1）表面竖向位移观测，一般用水准法。采用水准仪观测时，可参照《国家三、四等水准测量规范》（GB/T 12898）规定的方法进行，但闭合误差不得大于±1.4mm。有条件时，也可以用静力水准法观测。

2）横向水平位移观测，一般用视准线法。采用视准线观测时，可用经纬仪或视准线仪。当视准线长度大于500m时，应采用J1级经纬仪。视准线的观测方法，可选用活动觇标法，宜在视准线两端各设固定测站，观测其靠近的位移测点的偏离值。有条件时，也可以采用引张线法、激光准直法观测。

3）纵向水平位移观测，一般用交会法（包括测角交会、测边交会和测边测角三种）或边角网法（包括三角网、测边网和测边测角网三种）；设有引张线的，也可用铟钢尺或普通钢尺加修正系数，其误差不得大于0.2mm。有条件时，也可以采用引张线法、激光准直法观测。

（6）坝体内部位移可采用垂线法、引张线法、激光准直法进行观测，也可以采用测斜管装置进行观测；坝体倾斜可以采用正垂线、测斜管等装置进行观测；坝基变形可布置测斜仪、滑动测微计、多点位移计和倒垂线组监测。具体要求参见《混凝土坝安全监测技术规范》SL 601 和《土石坝安全监测技术规范》（SL 551）的相关要求。

（7）坝体表面裂缝的缝宽大于 5mm 的、缝长大于 5m 的、缝深大于 2m 的纵、横向缝以及输（泄）水建筑物的裂缝、伸缩缝都应进行监测。观测方法和要求如下：

1）坝体表面裂缝，可采用皮尺、钢尺及简易测点等简单工具。对 2m 以内的浅缝，可用坑槽探法检查裂缝深度、宽度及产状等。

2）坝体表面裂缝的长度和可见深度的测量，应精确到 1cm；裂缝宽度宜采用在缝两边设置简易测点来确定，应精确到 0.2mm；对深层裂缝，宜采用探坑或竖井检查，并测定裂缝走向，应精确到 0.5 度。

3）对输（泄）水建筑物重要位置的裂缝及伸缩缝，可在裂缝两侧的浆砌块石、混凝土表面各埋设 1～2 个金属标志。采用游标卡尺测量金属标志两点间的宽度变化值，精度可量至 0.1mm；采用金属丝或超声波探伤仪测定裂缝深度，精度可量至 1cm。

4）裂缝发生初期，宜每天观测一次；当裂缝发展缓慢后，可适当减少测次。在气温和上、下游水位变化较大或裂缝有显著发展时，均应增加测次。

3.7.5 应力、应变及温度监测

（1）应按照规定的测次和时间进行观测。各种互相有关的项目，应在同次观测。

（2）使用直读式接收仪表进行观测时，每月对仪表进行一次准确度检验。如需更换仪表时，应先检验是否有互换性。

（3）使用自动检测装置进行观测时，应适当加密测次，并由人工观测进行校核。

（4）应认真填写观测记录，注明仪器异常、仪表或装置故障、电缆剪短或接长及集线箱检修等情况。

（5）每年应对监测系统进行一次检查；应对现场观测值进行质量控制，具体要求参见《混凝土坝安全监测技术规范》（SL 601）的要求。

3.7.6 输水涵管内窥检测

（1）输水涵管内窥检测在每年的汛前、汛后各开展一次，要求涵管内无水。检测前查看待检测区域的基本状况，完善工作准备。

（2）具体检测内容包括：

1）对检测管道进行全面录像，拍照。

2）检测管道是否存在变形、破裂、渗漏、腐蚀、错口等结构性缺陷。

3）检测管道是否存在淤积、障碍物等功能性缺陷。

（3）输水涵管内窥检测设备以 CCTV 电视检测为主要手段，辅以 QV 潜望镜检测。

（4）内窥检测机器人操作技术要求如下：

1）管径不大于 200mm 时，直向摄影的行进速度不宜超过 0.1m/s；管径大于 200mm 时，直向摄影的行进速度不宜超过 0.15m/s。

2）检测时摄像镜头移动轨迹应在管道中轴线上，偏离度不应大于管径的 10%。当对特殊形状的管道进行检测时，应适当调整摄像头位置并获得最佳图像。

3）将载有摄像镜头的爬行器安放在检测起始位置后，在开始检测前，应将计数器归零。当检测起点与管段起点位置不一致时，应做补偿设置。

4）每一管段检测完成后，应根据电缆上的标记长度对计数器显示数值进行修正。

5）直向摄影过程中，图像应保持正向水平，中途不应改变拍摄角度和焦距。

6）在爬行器行进过程中，不应使用摄像镜头的变焦功能，当使用变焦功能时，爬行器应保持在静止状态。当需要爬行器继续行进时，应先将镜头的焦距恢复到最短焦距位置。

7）侧向摄影时，爬行器宜停止行进，变动拍摄角度和焦距以获得最佳图像。

8）管道检测过程中，录像资料不应产生画面暂停、间断记录和画面剪接的现象。

9）在检测过程中发现缺陷时，应将爬行器在完全能够解析缺陷的位置至少停止10s，确保所拍摄的图像清晰完整。

10）对各种缺陷、特殊结构和检测状况应作详细判读和量测，并填写现场记录表，记录表的内容和格式应符合《城镇排水管道检测与评估技术规程》（CJJ 181）附录B的规定。

（5）管道现场检测过程中，检测员根据检测设备反馈的影像资料，对照《城镇排水管道检测与评估技术规程》（CJJ 181）中缺陷类型及缺陷等级的相关规定，现场判定缺陷类型和等级，并详细记录，填写管道缺陷类型及等级汇总表和管道缺陷明细表，见附录I。

3.7.7 水质监测

（1）管理单位应建立水质监测制度，掌握水质污染动态，调查污染来源，了解水质污染危害，并及时向上级有关部门报告。

（2）污染源分为外源和内源，外源又分为点源和非点源。

1）点源：包括工业企业、居民生活、规模化畜禽养殖场、垃圾填埋场等污水排放口。

2）非点源：城镇地表径流、化肥农药使用、生活污水及固体废弃物、水土流失、船舶排污等状况。

3）内源：底泥、水产养殖以及由富营养化造成的蓝藻暴发。

（3）水质监测包括用肉眼观察所能监测的范围，如水的能见度、浊度、色泽等，以及水质监测设施。

（4）有供水任务的水库应配备计量设施及必要的水质监测设施，水质监测尚应采用国家有关标准的规定。有条件的可建立水污染源在线监测系统，实时数据传递至监控中心站，存入中心数据库，进行数据查询、检索、统计及报送上级或相关主管部门。

1）对有生活供水任务的水库，可采用人工监测，设置多个水质取样点，每周进行流动监测，全面了解水质状况。

2）对已建立在线监测系统的水库，可将人工监测与自动监测数据进行汇总，作为日后进行水质评价工作的基础资料。

（5）对于属于饮用水水源地一级和二级保护区内的水库，禁止渔业和畜牧业的养殖。

（6）对于非饮用水源地的水库，科学制定鱼类放养模式，当水产养殖超过水库水体负载力而造成水质超标时，应控制养殖规模。

（7）水库内因开放、旅游等产生的生活废水、废物应按规定妥善收集、储存或处理，严禁向水库中直接排放或抛弃。

（8）当发生水体富营养化污染事件时，可以使用底泥疏浚、引水冲污、人工曝气富氧等控制营养盐的方法治理，也可通过微生物修复、水生植被修复、生物操纵修复等水生生物修复方法修复水体。

3.7.8 监测系统运行管理

（1）承接主体应制定监测系统运行管理制度，包括监测项目及其频次、仪器设备管理与维护、监测数据记录与处理、监测人员与岗位职责等要求。

（2）承接主体应安排具备相应基础知识、经过培训合格、能够稳定从事大坝安全监测人员承担安全监测工作。

（3）承接主体的大坝安全监测人员应按附录Ⅰ规定的监测项目和频次做好监测工作，每次观测均应按《土石坝安全监测技术规范》（SL 551）、《混凝土坝安全监测技术规范》（SL 601）的要求做好现场观测记录；每次观测完，应将观测记录与上次或历次监测结果进行比较分析，如有异常现象，应立即进行复查确认；

监测结果异常的，应立即查找原因，并报告技术负责人。

3.7.9 资料整编与归档

（1）监测资料整编每年进行 1 次，收集整编时段的所有观测记录，对各项监测成果进行初步分析，阐述各监测数据的变化规律以及对工程安全的影响，并提出水库运行和存在问题的处理意见。

（2）资料整编过程中，发现异常情况，应按《土石坝安全监测技术规范》（SL 551）和《混凝土坝安全监测技术规范》（SL 601）有关要求对监测成果进行综合分析，揭示大坝的异常情况和不安全因素，评估大坝工作状态，提出监测资料分析报告。

（3）年度整编材料应装订成册，整编材料内容和编排一般为封面、目录、整编说明、监测记录、监测资料整编表。监测资料整编分析图表格式可参考《土石坝安全监测资料整编规程》（DL/T 5256）和《混凝土坝安全监测资料整编规程》（DL/T 5209）等的相关要求。

（4）监测资料整编材料应按档案管理规定及时归档。

3.8 白蚁防治及其他有害生物防治

3.8.1 一般规定

（1）防治工作应坚持以防为主、防治结合、因地制宜、综合治理、安全环保、持续控制的方针。

（2）防治范围应包括坝区及其大坝管理范围。

（3）每年应编制防治计划和防治方案，及时开展检查和防治工作。

3.8.2 白蚁危害检查

（1）检查分为日常检查、定期普查和专项检查三类，应分别遵守下列规定：

1）日常检查由承接主体巡查人员承担，对坝区及其管理范围内进行常规检查，重点检查曾经发生过白蚁及其他动物危害的部位。日常检查应与大坝的日常巡视检查相结合。

2）定期普查由白蚁防治专业技术人员承担，定期对土石坝及混凝土坝与坝肩连接段等工程各部位进行全面检查。定期普查每月1次。

3）专项检查由白蚁防治专业技术人员和承接主体巡查人员联合承担，在土石坝工程大修前集中进行检查。

（2）检查范围：

1）蚁患区：坝体、大坝两端及距坝脚线50m范围以内。

2）蚁源区：大坝两端及坝脚线以外300～500m范围以内。

3）其他动物危害检查范围应包括坝体及两岸坝肩。

（3）检查内容：

1）大坝是否有湿坡、散浸、漏水、跌窝等现象，辨析是否因白蚁危害引起。

2）大坝及周边地区白蚁活动时留下的痕迹，辨别蚁种。

3）大坝迎水面漂浮物中是否有白蚁蛀蚀物。

4）大坝表面泥被、泥线的分布密度、分群孔数量和真菌指示物等。

5）蚁源区范围内树木和植被上泥被泥线分布情况。

6）坝体及两岸坝肩是否存在动物洞穴入口。

（4）检查方法：

1）迹查法：由白蚁防治专业技术人员在大坝及蚁源区根据白蚁活动时留下的地表迹象和真菌指示物来判断是否有白蚁危害。

2）锹铲法：在白蚁经常活动的部位，用铁锹或挖锄将白蚁喜食的植物根部翻开，查看是否有活白蚁及蚁路等活动迹象。

3）引诱法：采用白蚁喜食的饵料，在坝体坡面上设置引诱桩、引诱坑或引诱堆等方法引诱白蚁觅食

4）仪探法：采用探地雷达、高密度电阻率法等仪器探测白蚁及其他动物巢穴。

5）嗅探法：利用猎犬、警犬等对白蚁巢穴气味有灵敏反应

的动物进行探测。

（5）检查过程中应做好记录，绘制白蚁活动痕迹分布图，标注白蚁活动位置和痕迹类型，并在白蚁活动的地方设置明显标记或标志。检查结束后，应对白蚁及其他动物危害进行分析论证，划分危害程度等级，并根据危害程度制定防治方案。白蚁蚁害检查记录表格式见附录J。

3.8.3 白蚁危害治理

（1）选用下列防治方法：

1）破巢除蚁法：沿蚁路追挖主巢时，应连续性完成，捕捉蚁王、蚁后并及时将追挖的坑槽回填夯实。水库处于汛期或高水位时，不宜采用破巢法。追挖主巢须穿越坝身时，应制定专项技术方案并经上级主管部门批准后方可进行。

2）熏烟毒杀法：应先用可杀死白蚁的药物配成药剂，放入密封的烟剂燃烧筒内，插入蚁路内，将燃烧筒内的烟雾通过鼓风机等吹入洞内，然后密封洞口，利用毒烟杀死白蚁。

3）挖坑诱杀法：应在白蚁活动较多的坝坡附近，挖掘长0.5m、宽0.3m、深0.5m的土坑，坑内放置松木、杉木、甘蔗渣等引诱物，洒上淘米水，每隔10天左右检查一次，将诱集的白蚁用药物进行毒杀。

4）药物诱杀法：诱杀白蚁的诱饵应由药物制成。诱饵投放时间应在白蚁地表活动季节，投药地点应选择有白蚁正在活动的位置。诱饵投放后7~10天应检查觅食情况，发现有觅食现象时，应做好标记和记录。诱饵投放后20~30天，应查找死巢的地面指示物（炭棒菌），及时破巢除蚁或灌填，不留隐患。

5）药物灌浆法：应利用蚁道或锥探孔，用小型灌浆机将黏土和药物制成的泥浆灌注充填蚁道和蚁穴。药物灌浆应防止污染水源。

6）毒土灭杀法：若为表土灭杀，应在坝坡表面喷洒药物或从洞眼灌入土中；若为深土灭杀，应在坝坡上打0.3m深的孔，孔距0.3m，在孔内灌入药物。

（2）白蚁防治所使用的药物应符合国家和地方的现行规定。

（3）白蚁隐患的处理应符合下列要求：

1）汛后应根据炭棒菌位置开挖主巢，清除巢内杂物，并用灰土回填夯实；已出现漏水散浸时，应采取灌浆处理。

2）蚁道漏水时，应在漏水洞口填粗砂和细石，再上压块石或石子袋，并用管或塑料薄膜将水引入坝脚排水沟，汛后开挖并回填夯实。

3.8.4 蚁害控制验收

（1）蚁害基本控制标准：

1）在白蚁活动旺季，土工建筑物表面每 $50m^2$ 设置引诱物 1 处，一星期左右（以温湿天气为准，干旱时需人工洒水）检查观察 1 次，连续 3 次以上寻找不出白蚁取食迹象。

2）近堤坝 50m 周边找不到成年巢分群孔，且 $5000m^2$ 中泥被、泥线等白蚁活动迹象不超过 3 处。

3）在防治范围内，应达到连续 3 年以上无成年蚁巢，坝体无幼龄蚁巢的防治标准。

（2）蚁害控制验收应符合下列条件：

1）蚁患区和蚁源区连续进行 3 年以上治理，白蚁活动迹象达到蚁害基本控制标准。

2）因白蚁危害所致的工程隐患，已剖巢回填、夯实或灌浆处理，无白蚁危害所致的渗漏和散浸。

3）工程无树木、紫穗槐及高秆杂草等。

4）验收前一个月，背水库坡面按约 $50m^2$ 一根（处）设置引诱桩或堆、坑。

5）应提交如下资料：

①工程现状及历年堤坝工程建设加固实施情况。

②历年防治计划和防治总结。

③自检报告（检查治理成果汇总图、表和文字说明）。

（3）蚁害控制验收工作应符合下列规定：

1）组织专业技术人员，查看工程现场，查阅资料，提出验收意见。

2）达到蚁害基本控制标准的水库每 4 年进行复查验收。

3.8.5 其他有害生物的防治

（1）采用人工捕杀法时，可在具有危害性的动物经常活动出没的地方设置笼、铁夹、竹弓、陷阱等进行捕杀；但应在周围设置栏杆等封闭措施及警告标志，防治人员误伤。

（2）采用诱饵毒杀法时，可将拌有药物的食物放在动物经常出没的地方，诱其吞食后中毒死亡；但应防止人或家畜误食。

（3）对狐、獾等较大的危害动物，可采用人工开挖洞穴追捕法。

（4）采用灌浆药杀法时，可用锥探灌浆方法将拌有药物的黏土浆液灌入巢穴内，驱赶或堵死动物，填塞洞穴。

（5）对驱走或捕杀有害动物后留在坝体内的洞穴，应及时采取开挖回填或灌浆填塞等方法进行处理，消除隐患。

3.9 水库保洁

3.9.1 一般规定

（1）为了清洁库面，净化水质，保障供水安全，应对水库库面及其周边进行保洁。

（2）水库保洁等级按水库功能及特性等级划分为四个等级，分别为一级、二级、三级、四级。

1）一级：水库内需要进行特殊管理养护的公共区域。

2）二级：景观水库及重要观光地段的开放性水库。

3）三级：一般地段、人流较密集的水库。

4）四级：偏远地段、人流稀少的水库。

（3）保洁范围为水库管理范围内的水域（水库水面、入库河流上延 100m 或至拦污栅前）、陆域（水面向岸坡延伸的库岸陆域、大坝路面及大坝迎、背水坡面、办公楼周边、内部交通道路等）、绿化及与其功能相关的附属设施的保洁管养。

（4）保洁作业时应统一着装，佩戴保洁标志；出船或岸坡作业时应穿戴救生衣或安全帽等，做好安全防护，按规范和作业程序作业。

（5）应每天进行巡回保洁，做到水面、库岸、大坝、办公楼周边、内部交通道路等清洁，无生活垃圾、枯枝枯草、建筑垃圾、工农业废弃物、动物尸体、水浮莲等，可采取围、捞、拉等多种方式进行清理。

（6）应每日进行清扫，水面、库岸、大坝、办公楼周边、内部交通道路各类垃圾当日打捞当日清运，不过夜、不焚烧、不掩埋，并及时清运至政府指定的垃圾受纳场。

（7）承接主体指定专人负责联络协调水库保洁，联系人电话24小时保持畅通。

（8）当气象台发布暴雨或台风黄色预警信号及以上信号时，停止保洁作业。

（9）汛期的水库保洁应服从水库防汛调度要求。

（10）对水库保洁的巡查（检查）结束后，应填写水库保洁巡查（检查）记录表，见附录K。

3.9.2 水域保洁

（1）水域每 1000m² 水面漂浮物应控制在一定范围内，超过则应限时清理。漂浮物控制指标应符合表3-1规定。

表3-1 每 1000m² 水面的漂浮物控制指标

序号	项　目	保　洁　等　级			
		一级	二级	三级	四级
1	水面垃圾累计面积/m²	≤2	≤3	≤4	≤5
2	水生植物面积/m²	单处面积≤50且累计面积≤250	单处面积≤100且累计面积≤500		
3	漂浮物存留时间/h	1	2	3	4
4	保洁频次/（次/天）	≥2	≥2	≥1	≥1

（2）在水库管理范围内，视实际在入库河流汇入口设拦污栅设施以拦截漂浮物，桥角、桥墩边、闸前宜采取措施拦阻垃圾及漂浮物；同时，对库前垃圾漂浮物等的清理每年不少于6次，保

证入库河流及其设施（水闸、拦污栅等）的安全。拦阻的污物应定期集中打捞，垃圾应做到日产日清并运至垃圾场或其他指定场所进行处理。拦漂设施上的污物、水浮莲、水葫芦等漂浮物应及时清除。

（3）拦漂设施应进行定期养护、维修，处于完好状态。拦漂设施松动、变形或不能正常使用时，应及时修理或更换。

（4）汛期雨后或台风后应立刻赶到水库，对所有水面漂浮物、附着水生植物及其他垃圾进行清理，库水面清理须在所属流域雨停并允许下库作业后一定时间内达到相应等级的保洁标准（见表3-2）。

表3-2   汛期雨后或台风后水域垃圾清理时间表

序号	项　目	保　洁　等　级			
		一级	二级	三级	四级
1	暴雨未达到黄色预警等级，雨停允许下库作业后/h	12	18	24	36
2	黄色及黄色以上暴雨预警信号取消允许下库作业后/h	18	24	36	48

注　每年汛后第一场暴雨后清理时间，可适当顺延。

（5）水域保洁可采用机械作业或者船舶作业，船舶设施完好，船体整洁，且宜选用电动或气动无油污染、低噪声的环保型船舶，禁止使用柴油机动船，船上污水杂物不得直接排向水库。管养作业时使用的船只，应由专人驾驶，应备有救生设备；除特殊情况外，大风、大雾时不准航行；严禁超载，严禁在泄水建筑物附近行驶。

（6）水域日常保洁在8：00—18：00进行巡回保洁。

（7）当发生突发污染事件时承接主体应在1h内调集不少于30人的应急队伍，对水库进行应急保洁处理。

3.9.3　陆域保洁

（1）每天定期巡回保洁，做到水库陆域范围应无废弃物（垃圾）、吊挂物和杂草；路面无瓜皮、果壳、纸屑、烟蒂等散落物。

汛期雨后或台风后陆域清理须在所属流域雨停后一定时间内达到相应等级的保洁标准（见表3-3）。

表3-3　　　　汛期雨后或台风后陆域垃圾清理时间表

序号	项　目	保　洁　等　级			
		一级	二级	三级	四级
1	暴雨未达到黄色预警等级，雨停允许下库作业后/h	18	24	36	48
2	黄色及黄色以上暴雨预警信号取消后/h	20	24	40	54

注　陆域水域交界处，如是大面积石笼挡墙可适当顺延。

（2）水库管理范围内的建（构）筑物立面应无明显污迹、无乱贴、乱挂和过时破损标语。标识牌、警示牌、指示牌、宣传画廊、废物箱、围墙护栏、围网、平台、码头、栈道等设施应保持完好清洁，无明显污迹、积尘。

（3）内部交通道路路面废弃物控制指标应符合表3-4的规定。

表3-4　　　　每1000m² 路面废弃物控制指标

保洁等级	果皮/片	纸屑塑膜/片	烟蒂/个	其他/处
一级	≤20	≤20	≤20	≤3
二级	≤35	≤35	≤40	≤5
三级	≤50	≤50	≤60	≤20
四级	≤60	≤60	≤70	≤30

（4）水库管理范围内其他设施保洁应符合下列要求：

1）废物箱完好率不低于95%，箱体周围地面应无抛洒、存留垃圾。

2）座椅、雕塑、建筑小品等应做到无破损、无明显污迹。

3.10　安保和防恐

3.10.1　一般规定

（1）水库安保是针对水库管理范围内修建工程设施、可能污染水库水体的生产经营设施以及其他有碍水库工程保护和安全运行等行为的巡视、检查，是对水库安全的巡查。

（2）水库防恐是针对管理范围内大坝及其他水工建筑物、水库水源的安全与保卫，防范敌对势力、恐怖组织或民族分裂势力以此目标制造恐怖袭击事件。

1）利用爆炸等破坏性手段，袭击水库大坝、水厂供水设施的恐怖袭击事件。

2）在水库、供水设施及其他地表、地下水源中投放化学毒剂、放射性物质、致病致命微生物剂及其蓄意污染水源的恐怖袭击事件。

（3）应制定水库工程安全运用管理要点，提出主要管理措施，配备相应的劳动安全、消防、预警、清漂和突发事件应急抢险设施。安全设施配置应满足《水利水电工程劳动安全与工业卫生设计规范》（GB 50706）的相关要求。

（4）安保与防恐人员每年应当接受法律知识和业务技能培训，承接主体应制定长期培训规划和年度培训计划，不断提高管养和防范水平。

3.10.2 安保内容

（1）承接主体应制定安全保卫操作规程，并认真贯彻执行，做好水库的安保工作；对建筑物附近和库区群众要宣传国家有关保护水库安全和水资源等规定，同一切危害工程安全的行为作斗争。

（2）安保人员在水库管理范围内做好巡视、检查工作，发现问题及时报告处理，并做好记录；参与防汛抢险；承担水库安全工作，每次巡查结束后，应填写附录 L 表 L.1《水库安保和防恐记录表》、表 L.2《违法（违规）事件登记表》。

（3）安保人员在水库管理范围内巡视有无如下活动或行为：

1）有无爆破、打井、采石（矿）、挖（采）砂、取土、修坟、埋设管道（线）、毁林开荒等危害大坝安全和破坏水土保持的活动。

2）未经批准，在水库管理范围内兴建房屋、码头、鱼塘等行为。

3）在大坝坝体堆放杂物，晾晒粮草，种植树木、农作物，放牧、铲草皮及盗运护坡和导渗设施的砂石材料等行为。

4）未经水库主管部门批准，在大坝坝顶行驶各类机动车辆。

5）有无排放有毒物质或污染物等行为。

6）有无非法取水的行为。

7）有无违规养殖或非法捕捞的行为。

（4）在建筑物附近，严禁爆破和一切危及工程安全的活动。严禁在库区内炸鱼、捕（毒）鱼和滥用电力捕鱼。

（5）经常向群众进行爱护工程、保护水源和防汛安保的宣传教育，结合群众利益发动群众共同管护水库工程。

3.10.3 安保工作要求

（1）安保人员应相对稳定，巡查时应带好必要的辅助工具、照相、录像设备，进行现场检查、勘测和取证等。

（2）每天巡回检查，汛期 24 小时不间断，发现问题及时上报。

（3）密切关注天气，雨前劝离清除库内群众，防止群众下库，雨后协助运行管理人员统计水毁情况。

（4）安保人员在巡查时应认真负责、全面仔细，快速及时地掌握水库设施的整洁和完好状况，做到实事求是，当天做好记录。

（5）安保人员要及时掌握涉及水库管理或保护范围的建设项目实施动态，按审批要求对涉及的建设项目进行监督。

（6）安保人员对违法、违章行为有劝阻的义务，并应在第一时间上报。遇到违法事件或突发事件，承接主体须立即报告至水库管理单位和上级主管部门。

（7）遇重大活动及节假日，应提供相应的服务（含挂标语、彩旗等），同时应积极主动加强巡查，配合主管部门做好保障工作。

（8）遇防汛、防台等紧急状况，应加强巡查，配合主管部门做好抢险应急工作，第一时间掌握防汛隐患，做好记录，及时上报。

3.10.4　防恐

（1）防恐重点防控对象为大坝、溢洪道、输供水建筑物、水源保护区、码头、水库管理和调度中心等。

（2）防恐人员应重点防范如下活动或行为：

1）水库工程要害部位遭恐怖分子破坏，可能导致决口、垮坝等险情。

2）在水库内及下游被大量投放、倒入化学毒剂或放射性物质。

3）水文测验、自动遥测通信等设施、设备遭受严重破坏。

4）经水库大坝防恐怖工作的审批部门批准需要启动防恐怖的其他紧急情况。

（3）承接主体应关注和采集系统内部各相关部门的反恐信息，安排部署现场巡查守护工作，同时应加强部门沟通，做到早预防、早发现、早报告、早控制，一旦掌握证据，露头及时处理，及时报告；扩大线索追踪事态的发展，在确保安全的前提下，尽力控制事态的发展。

（4）按照水库大坝、水源及供水系统反恐的预案，接受水行政管理部门的统一领导和指挥，组织开展恐怖袭击事件的日常安全防范和必要的先期处置工作，并配合有关部门做好相关应急处置工作，组织最急迫的工程抢险、设备抢修等，加强水库的应急调度，在危险区域或被污染的水源附近设立警示标志牌等。

（5）重大活动或重大节假日时要严密值守，加强水库大坝、库区周边巡查，在库区、大坝、溢洪道进口的道路口、人员容易进出地带设置哨卡或门岗，对进出入人员进行登记，做好安全保卫工作，必要时实行全封闭式管理，发现库区突发死鱼等异常情况立即报告。

（6）加强对内部管养人员的安全管理和教育，严格岗位值班、巡查等各项安全管理制度，及时疏导化解各类内部矛盾，严防内部人员发生问题。

（7）水利反恐袭击事件处置工作结束后，在政府反恐工作协调小组的统一领导下，配合有关部门迅速有效地开展善后工作。

（8）水利反恐袭击事件处置工作结束后，根据工作需要，继续保持或采取措施巩固应急处置工作的成果，严防恐怖分子发动新一轮或连环式的恐怖袭击，关闭、封锁水库枢纽，水源地及其他重要水利设施、设备，必要时可暂时停止其运行，防止发生次生、衍生灾害。

（9）配合有关部门做好灾后重建工作，配合有关部门对受污染的水源地进行清污和消毒处理等。

4 物业化管理养护定额标准

4.1 维修养护定额标准

4.1.1 定额说明

（1）为科学合理地编制水库工程维修养护经费预算，加强水库工程维修养护经费管理，提高资金使用效益，结合水库工程维修养护工作实际，制定水库工程维修养护定额标准（以下简称"定额标准"）。

（2）本定额标准的编制，贯彻国家财政预算体制改革和水管单位体制改革精神，严格执行国家财政预算政策和有关规定，按照水利工程维修养护内容，完善和细化预算定额及项目工作（工程）量，并结合《广东省水利厅关于发布我省水利水电工程设计概（估）算编制规定与系列定额的通知》（粤水建管〔2017〕37号）有关定额和规定，力求做到科学合理，操作规范，讲求效益。

（3）本定额标准适用于水库工程年度日常维修养护经费预算的编制和核定，超常洪水和重大险情造成的工程修复及工程抢险费用、水利工程更新改造费用及其他专项费用另行申报和核定。

（4）本定额标准为公益性水库工程维修养护定额标准，对准公益性水利工程，应按照工程的功能或资产比例，采用库容比例法划分公益部分：同时具有防洪、发电、供水等功能的准公益性水库工程，参照《水利工程管理单位财务制度（暂行）》〔（94）财农字第397号文〕，公益部分维修养护经费分摊比例＝防洪库容/（兴利库容＋防洪库容）。

（5）本定额标准由维修养护项目工作（工程）量及调整系数

组成。调整系数根据水库工程实际维修养护内容和调整因素采用。

（6）本定额标准对水库按照工程级别和规模划分维修养护等级，分别制定维修养护工作（工程）量。

（7）本定额标准依据国家、省颁布的相关法规、制度、规定、定额，结合广东省实际编制，其中人工费暂按《广东省水利厅关于发布我省水利水电工程设计概（估）算编制规定与系列定额的通知》（粤水建管〔2017〕37号）计算。本定额标准适用水库工程年度日常维修养护经费预算的编制和核定，超常洪水和重大险情造成的工程修复及工程抢险费用、水库工程更新改造费用及其他专项费用另行申报和核定。

4.1.2 水库工程维修养护等级划分

水库工程维修养护等级分为四级，具体划分标准按表4-1执行。

表4-1　　　　　水库工程维修养护等级划分表

维修养护等级	一	二	三	四
工程规模	大（1）型	大（2）型	中型	小型
总库容 V/亿 m³	$V \geqslant 10$	$10 > V \geqslant 1$	$1 > V \geqslant 0.1$	$0.1 > V \geqslant 0.001$
坝高 H/m		$H \leqslant 80$	$H \leqslant 60$	$H \leqslant 35$

注 划分水库工程维修养护等级以水库总库容为主要指标，水库坝高超过该等级指标时，可提高一级确定。

4.1.3 水库工程养护维修工作（工程）量

水库工程维修养护项目工作（工程）量，以水库级别的坝高、坝长、闸门孔数、启闭机台数为计算基准，计算基准见表4-2。水库工程维修养护项目工作（工程）量按表4-3执行。

表4-2　　　　　　水库工程计算基准

工程规模	大（1）型	大（2）型	中型	小型
坝高/m	100	70	50	30
坝长/m	600	600	600	600

工程规模	大（1）型	大（2）型	中型	小型
闸门扇数/扇	10	7	4	2
启闭机台数/台	10	7	4	2

表 4-3 　　水库工程维修养护项目工作（工程）量表

编号	项目	单位	大（1）型 混凝土坝	大（1）型 土石坝	大（2）型 混凝土坝	大（2）型 土石坝	中型 混凝土坝	中型 土石坝	小型 混凝土坝	小型 土石坝
	合计									
一	主体工程维修养护									
1	混凝土空蚀剥蚀磨损及裂缝处理									
1.1	混凝土空蚀剥蚀磨损处理	m²	660	88	670	88	518	66	382	66
1.2	裂缝处理	m²	900	200	700	150	500	80	400	60
2	坝下防冲工程翻修									
2.1	混凝土	m³	50	20	40	20	30	10	20	10
2.2	浆砌石	m³	100	180	80	140	60	120	50	80
3	土石坝护坡工程维修									
3.1	护坡浆砌石勾缝	m²		5386		3760		2692		1616
3.2	护坡浆砌石翻修	m³		770		536		390		232
3.3	护坡养护土方	m³		400		300		150		100
4	金属件防腐维修	m²	1200	1200	840	840	480	480	240	240
5	疏通坝面排水沟	m³	300	1200	210	840	147	588	103	412
6	杂草清理及草皮护坡养护	m³	600	2400	420	1680	294	1176	206	823
7	观测设施维修养护	工日	452	452	339	339	226	226	113	113
8	观测设施更换	更换率	按观测设施资产的1.5%计算							
二	闸门维修养护									
1	止水更换长度	m	70	70	49	49	28	28	14	14
2	防腐处理面积	m²	600	600	420	420	240	240	120	120

续表

编号	项目	单位	大（1）型		大（2）型		中型		小型	
			混凝土坝	土石坝	混凝土坝	土石坝	混凝土坝	土石坝	混凝土坝	土石坝
三	启闭机维修养护									
1	机体表面防腐处理	m²	300	300	210	210	120	120	60	60
2	钢丝绳维修养护	工日	122	122	86	86	50	50	24	24
3	传（制）动系统维修养护	工日	62	62	42	42	24	24	12	21
4	配件更换	更换率	按传（制）动系统资产的 1.5％计算							
四	机电设备维修养护									
1	电动机维修养护	工日	169	169	96	96	55	55	14	14
2	操作系统维修养护	工日	300	300	193	193	110	110	28	28
3	配电设施维修养护	工日	188	188	114	114	65	65	16	16
4	输变电系统维修养护	工日	400	400	258	258	148	148	37	37
5	避雷设施维护养护	工日	50	50	35	35	20	20	5	5
6	机电设备配件更换	更换率	按机电设备资产的 1.5 计算							
五	附属设施维修养护									
1	机房及管理房维修养护	m²	600	320	440	240	340	180	220	120
2	坝区绿化	m²	1500	1500	1125	1125	750	750	375	375
3	护栏维修养护	m	1500	1500	1125	1125	750	750	375	375
4	标识（示）牌、界碑（桩）维修养护	项	1	1	1	1	1	1	1	1
六	物料动力消耗									
1	电力消耗	kW·h	45000	45000	35000	35000	20000	20000	10000	10000
2	柴油消耗	kg	2000	2000	1600	1600	1200	1200	800	800
3	机油消耗	kg	2000	2000	1600	1600	1200	1200	800	800
4	黄油消耗	kg	1000	1000	700	700	500	500	200	200
七	自动控制设施维修养护	维修率	按其固定资产 5％计算							
八	大坝电梯维修	维修率	按其固定资产 1％计算							

续表

编号	项目	单位	大（1）型		大（2）型		中型		小型	
			混凝土坝	土石坝	混凝土坝	土石坝	混凝土坝	土石坝	混凝土坝	土石坝
九	门式启闭机维修	维修率	按其固定资产1.2%计算							
十	检修闸门维修	扇	按实有闸门数量计算							
十一	通风机维修养护	台	按实有数量计算							
十二	自备发电机组维修养护	kW	按实有功率计算							

水库工程维修养护项目工作（工程）量调整系数按表4-4执行。

表4-4 水库工程维修养护项目工作（工程）量表调整系数

编号	影响因素	基准	调整对象	调整系数
1	闸门数量	大（1）型 10扇	闸门、启闭机维修养护	每增减1扇系数增减0.1
		大（2）型 7扇		每增减1扇系数增减0.14
		中型 4扇		每增减1扇系数增减0.25
		小型 2扇		每增减1扇系数增减0.5
2	坝长	600m	混凝土坝对主体工程维修养护进行调整、土石坝仅对护坡工程进行调整	每增减100m系数增减0.17
3	坝高	大（1）型 100m	混凝土坝对主体工程维修养护进行调整、土石坝仅对护坡工程进行调整	每增减5m系数增减0.05
		大（2）型 70m		每增减5m系数增减0.07
		中型 50m		每增减5m系数增减0.1
		小型 35m		每增减5m系数增减0.14
4	含沙量	多年平均含沙量5kg/m³以下	主体工程维修养护	大于5kg/m³系数增加0.1
5	闸门类型	平板钢闸门	闸门维修养护	弧形钢闸门系数增加0.2
6	护坡结构	浆砌石	土石坝护坡工程维修	干砌石系数增加0.1

续表

编号	影响因素	基　准	调整对象	调整系数
7	地区影响因素	"一核"（广州、深圳、珠海、佛山、中山、东莞、惠州、江门、肇庆）、"一带"（粤东潮州、汕头、汕尾、揭阳、粤西茂名、湛江、阳江）、"一区"（粤北韶关、清远、河源、梅州、云浮）	全部项目	"一核"地区所属地市取调整系数1.0；"一带"和"一区"等所属地市取调整系数0.87

4.1.4　水库工程养护维修定额标准

（1）水库工程基本维修养护项目定额标准按表4-5执行。基本维修养护项目定额标准不含设计费、监理费、招标业务费等，可根据需要采用广东省水利厅发布的《〈广东省水利水电工程设计概（估）算编制规定〉与系列定额的通知》（粤水建管〔2017〕37）、《广东省水利水电工程设计概（估）算编制规定》（2017年，中国水利水电出版社）等文件规定的费率计列。

表4-5　　　水库工程基本维修养护项目定额标准表

单位：元/（座·年）

编号	项目	大（1）型		大（2）型		中型		小型	
		混凝土坝	土石坝	混凝土坝	土石坝	混凝土坝	土石坝	混凝土坝	土石坝
	合计	1223708	1418548	992601	1023200	700783	703466	463496	425440
一	主体工程维修养护	753727	968755	664442	709461	494441	508660	365268	333379
1	混凝土空蚀剥蚀磨损及裂缝处理	544436	90568	504679	79333	380928	52196	287943	47702
1.1	混凝土空蚀剥蚀磨损处理	342197	45626	347382	45626	268573	34220	198059	34220

续表

编号	项目	大（1）型		大（2）型		中型		小型	
		混凝土坝	土石坝	混凝土坝	土石坝	混凝土坝	土石坝	混凝土坝	土石坝
1.2	裂缝处理	202239	44942	157297	33707	112355	17977	89884	13483
2	坝下防冲工程翻修	106405	131595	85124	106157	63843	84876	48922	59438
2.1	混凝土	42810	17124	34248	17124	25686	8562	17124	8562
2.2	浆砌石	63595	114471	50876	89033	38157	76314	31798	50876
3	土石坝护坡工程维修	0	534473	0	372869	0	268393	0	160368
3.1	护坡浆砌石勾缝	0	174830	0	122050	0	87382	0	52455
3.2	护坡浆砌石翻修	0	350928	0	244282	0	177743	0	105734
3.3	护坡养护土方	0	8716	0	6537	0	3269	0	2179
4	金属件防腐维修	14088	14088	9862	9862	5635	5635	2818	2818
5	疏通坝面排水沟	18105	72420	12674	50694	8871	35486	6210	24840
6	杂草清理及草皮护坡养护	18306	73224	12814	51257	8970	35880	6279	25116
7	观测设施维修养护	52387	52387	39290	39290	26193	26193	13097	13097
二	闸门维修养护	122887	122887	86021	86021	49155	49155	24577	24577
1	止水更换长度	5005	5005	3504	3504	2002	2002	1001	1001
2	防腐处理面积	117882	117882	82517	82517	47153	47153	23576	23576
三	启闭机维修养护	24848	24848	17301	17301	9985	9985	4877	5920
1	机体表面防腐处理	3522	3522	2465	2465	1409	1409	704	704

编号	项 目	大（1）型		大（2）型		中型		小型	
		混凝土坝	土石坝	混凝土坝	土石坝	混凝土坝	土石坝	混凝土坝	土石坝
2	钢丝绳维修养护	14140	14140	9967	9967	5795	5795	2782	2782
3	传（制）动系统维修养护	7186	7186	4868	4868	2782	2782	1391	2434
四	机电设备维修养护	128301	128301	80666	80666	46128	46128	11590	11590
1	电动机维修养护	19587	19587	11126	11126	6375	6375	1623	1623
2	操作系统维修养护	34770	34770	22369	22369	12749	12749	3245	3245
3	配电设施维修养护	21789	21789	13213	13213	7534	7534	1854	1854
4	输变电系统维修养护	46360	46360	29902	29902	17153	17153	4288	4288
5	避雷设施维修养护	5795	5795	4057	4057	2318	2318	580	580
五	附属设施维修养护	115875	95687	83685	69265	60822	49286	34516	27306
1	机房及管理房维修养护	43260	23072	31724	17304	24514	12978	15862	8652
2	坝区绿化	19440	19440	14580	14580	9720	9720	4860	4860
3	围墙护栏维修养护	23175	23175	17381	17381	11588	11588	5794	5794
4	标识（示）牌、界碑（桩）维修养护	30000	30000	20000	20000	15000	15000	8000	8000
六	物料动力消耗	78070	78070	60486	60486	40252	40252	22668	22668
1	电力	34650	34650	26950	26950	15400	15400	7700	7700
2	柴油	15360	15360	12288	12288	9216	9216	6144	6144
3	机油	16060	16060	12848	12848	9636	9636	6424	6424
4	黄油	12000	12000	8400	8400	6000	6000	2400	2400

（2）水库工程调整维修养护项目定额标准按表 4-6 执行。调整项目定额标准不含设计费、监理费、招标业务费等，可根据需要采用广东省水利厅发布的《〈广东省水利水电工程设计概（估）算编制规定〉与系列定额的通知》（粤水建管〔2017〕37）、《广东省水利水电工程设计概（估）算编制规定》（2017年，中国水利水电出版社）等文件规定的费率计列。

表 4-6　　　　水库工程调整维修养护项目定额标准表

编号	项 目		工程规模及单位	定额标准	备注
1	自动控制设施运行维护			按其固定资产 5% 计算	
2	大坝电梯维修			按其固定资产 1% 计算	
3	门式启闭机维修	大型水库		按其固定资产 1.2% 计算	
		中小型水库		按其固定资产 1.5% 计算	
4	检修闸门维修		同级别闸门	0.2×工作闸门维修费	
5	通风机维修养护		台	5739 元	
6	自备发电机组维修养护		千瓦	20 元	

（3）水库工程维修养护定额标准调整系数按表 4-7 执行。

表 4-7　　　　水库工程维修养护定额标准调整系数表

编号	影响因素	基 准		调整对象	调整系数
1	闸门扇数	大（Ⅰ）型	10 扇	闸门、启闭机维修养护	每增减 1 扇系数增减 0.1
		大（Ⅱ）型	7 扇		每增减 1 扇系数增减 0.14
		中型	4 扇		每增减 1 扇系数增减 0.25
		小型	2 扇		每增减 1 扇系数增减 0.5
2	坝长	600m		混凝土坝对主体工程维修养护进行调整、土石坝仅对护坡工程进行调整	每增减 100m 系数增减 0.17

编号	影响因素	基准		调整对象	调整系数
3	坝高	大（Ⅰ）型	100m	混凝土坝对主体工程维修养护进行调整、土石坝仅对护坡工程进行调整	每增减5m系数增减0.05
		大（Ⅱ）型	70m		每增减5m系数增减0.07
		中型	50m		每增减5m系数增减0.1
		小型	35m		每增减5m系数增减0.14
4	含沙量	多年平均含沙量5kg/m³以下		主体工程维修养护	大于5kg/m³系数增加0.1
5	闸门类型	平板钢闸门		闸门维修养护	弧形钢闸门系数增加0.2
6	护坡结构	浆砌石		土石坝护坡工程维修	干砌石系数增加0.1
7	地区影响因素	"一核"（广州、深圳、珠海、佛山、中山、东莞、惠州、江门、肇庆）、"一带"（粤东潮州、汕头、汕尾、揭阳、粤西茂名、湛江、阳江）、"一区"（粤北韶关、清远、河源、梅州、云浮）		全部项目	"一核"地区所属地市取调整系数1.0；"一带"和"一区"等所属地市取调整系数0.87

4.2 物业化管理定额标准

4.2.1 定额说明

本指南中纳入物业化管理的水库安全运行管理工作内容包括：制度建设、巡视检查、运行操作、安全管理（部分内容）、档案管理、安全监测、白蚁防治及其他有害生物防治、水库保洁、安保和防恐等。

（1）制度建设主要包括巡视检查、安全监测、调度运行、操作运行、维修养护、防汛物资管理、应急抢险及报告、岗位责任制、防汛值班、大事记、档案管理等。

（2）巡视检查包含日常检查、定期检查以及特别检查。日常检查是指经常性的巡视、察看水库两岸各建（构）筑物、设备设施外观完整情况、损坏情况，整洁情况，详细填好表格，做好记录；定期检查及特别检查指在经常检查的基础上，在每年汛前、汛中、汛后以及自然灾害前后由专业技术人员进行的一次全面检查；日常检查、定期检查和特别检查以"m^2（座）·月（年）"为单位计算。

（3）运行操作根据水库需要启闭的闸门启闭机台数和每年需要开启和关闭的次数以及每次启闭所需时间计算消耗量和定额标准。

（4）安全管理主要包括安全生产检查、防汛值守、应急演练以及安保物品管理和定期检验。

（5）档案管理根据不同工程规模水库档案数量以及档案整理情况计算消耗量和定额标准。

（6）安全监测中专项观测指对检查中发现的结构性损坏部位进行定点监控测试；水质无需取样送检的，不计算水质检测费；水质监测仅为收集反馈监测设备所示水质信息，不含监测设施建设；监控测试以点次为单位计算，不含监测点布设费用；水质检测按份计算，各项检测价格可参考《广东省环境监测行业指导价》；水质监测按点次计算；管涵 CCTV 检查以 m 为单位计算。

（7）白蚁防治及其他有害生物防治以面积"m^2·年"计算；白蚁防治及其他有害生物防治是以工程范围为治理面积综合测定的，包含治理源区布点的工作内容，布点之后治理需对治理源区重复使用药剂；白蚁防治及其他有害生物防治应周期性重复实施一次有效防治措施。

（8）水库保洁包括陆域保洁、水域保洁。

1）水域保洁不分船舶类型，以消耗量标准所示机械为准。

2）作业方式和规范包括：

①普扫与保洁相结合，每日普扫一次，其余时段进行保洁，并定期对路面进行洒水冲洗。

②人工清扫：指用扫把、畚箕、铁铲、手推式清扫机等工具

清除路面尘土、杂物等。

③陆域保洁：在每天定时清扫的基础上实行人工使用简易工具巡回保洁，及时清除路面可见的垃圾、杂物，保持路面整洁。

④水域保洁：全面清理与巡回清理相结合，应每日进行全面清理，其余时段进行巡回清理。水域保洁消耗量未考虑台风暴雨及其他特殊情况下的保洁，如发生，可根据水域保洁人工消耗乘1.2进行调整并增加费用。水域保洁按一年（365天）综合考虑，台风暴雨及特殊保洁应根据实际发生天数折算消耗量。

3）工程量计算规则：

①陆域保洁按清扫、保洁面积和时间，以"$m^2 \cdot$年"计算。

②水域保洁按巡查整个水域面积，集中保洁库岸区域确定消耗量。保洁费用以水库正常蓄水位水面线岸线周长作为计算长度，以岸线沿库区内2～4m作为计算宽度（日常保洁按2m计算，台风暴雨及特殊保洁按中上限计算），按保洁面积和时间，以"$m^2 \cdot$年"确定。

（9）安保和防恐中人工工日消耗以工作人员应持续工作时间确定。应持续工作时间是指不考虑其工作效率及工作质量。安保人员两班制是指每班每天需持续工作12h（含调配人员工作时间）；安保人员三班制是指每班每天需持续工作8h（含调配人员工作时间）。

（10）本定额中涉及的主要材料单价参考2021年第一季度广东省各地信息价，次要材料单价参考2021年广东省水利厅发布的次要材料单价。

（11）本定额中涉及的人工单价和施工机械台班费参考2017年7月1日广东省水利厅发布的《广东省水利水电工程施工机械台班费定额》。本定额中一、二、三、四类工资区分别为：

1）一类工资区：广州市、深圳市。

2）二类工资区：珠海市、佛山市（含顺德区）、东莞市、中山市。

3）三类工资区：汕头市、惠州市、江门市、肇庆市。

4) 四类工资区：韶关市、河源市、梅州市、缸尾市、阳江市、湛江市、茂名市、清远市、潮州市、揭阳市、云浮市。

（12）本定额中涉及的消防设施定期检验收费标准参考《广东省物价局关于建筑消防设施检测收费有关问题的批复》（粤价〔2001〕340 号）。

4.2.2 物业化管理工作消耗量（工作量）清单

制度建设、巡视检查、运行操作、安全管理（部分内容）、档案管理、安全监测、白蚁防治及其他有害生物防治、水库保洁、安保和防恐等水库运行管理工作消耗量（工作量）清单见表 4-8～表 4-21。

表 4-8 　　　　　制度建设消耗量（工作量）清单

项 目 名 称			管 理 制 度 制 定			
			大（1）型	大（2）型	中型	小型
工料机名称		单位	消耗量	消耗量	消耗量	消耗量
人工	技术工日	工日	528	264	132	66
其他	其他材料费	元	19000	17000	15000	13000

工作内容：

1. 结合工程实际制定各项管理制度、汇编成管理制度手册不少于 20 本、管理制度牌上墙明示等。

2. 包括但不限于以上制度，每增加 1 项制度消耗量（工作量）调整系数增加 0.09。

表 4-9 　　　　　巡视检查消耗量（工作量）清单

项 目 名 称			大坝日常检查	大坝定期检查及特别检查
			1000m² · 月	1000m² · 年
工料机名称		单位	消耗量	
人工	技术工日	工日	5.88	15.96

工作内容：

1. 大坝日常检查：检查水库范围内的建（构）筑物、设备等外观完整情况、损坏情况，详细填好表格，做好记录。

2. 大坝定期检查及特别检查：检查水库范围内的建（构）筑物、设备等外观完整情况、损坏情况，详细填好表格，做好记录；对发现的问题，应结合设计、施工、运行资料进行综合分析，并及时向主管部门报告，并做好详细记录。

表 4-10　　　　运行操作消耗量（工作量）清单

项　目　名　称			运行操作
			台·年
工料机名称		单位	消耗量
人工	技术工日	工日	96

工作内容：按上级调度指令，进行闸门启闭机操作，做好操作记录。

表 4-11　　　　安全管理消耗量（工作量）清单

项　目　名　称			安全生产检查			
			大（1）型	大（2）型	中型	小型
工料机名称		单位	消耗量	消耗量	消耗量	消耗量
人工	技术工日	工日	384	288	144	48
项　目　名　称			应急演练			
			大（1）型	大（2）型	中型	小型
工料机名称		单位	消耗量	消耗量	消耗量	消耗量
人工	技术工日	工日	80	60	30	20
材料	其他材料费	元	20000	15000	10000	5000
项　目　名　称			防汛值守			
			大（1）型	大（2）型	中型	小型
工料机名称		单位	消耗量	消耗量	消耗量	消耗量
人工	技术工日	工日	180	135	90	45

工作内容：安全生产检查、防汛值守、应急演练以及安保物品管理和定期检验。涉及消防设施定期检验收费标准参考《广东省物价局关于建筑消防设施检测收费有关问题的批复》（粤价〔2001〕340号）。

表 4-12　　　　档案管理消耗量（工作量）清单

项　目　名　称			档　案　管　理			
			大（1）型	大（2）型	中型	小型
工料机名称		单位	消耗量	消耗量	消耗量	消耗量
人工	技术工日	工日	90	60	30	5

表 4-13　安全监测（工程安全监测）消耗量（工作量）清单

单位：点·次

项　目　名　称			变形监测	渗流监测	应力应变及温度监测	环境量监测
工料机名称		单位	消耗量			
人工	技术工日	工日	0.58	1.58	1.58	0.58
机械	仪器仪表使用费	元	1.756	14.4	2.64	3.84

工作内容：测试、数据采集、统计、处理。

表 4-14　安全监测（水质检测或监测）消耗量（工作量）清单

项　目　名　称			样品采集、送检	样品检测	水质监测
			份	份	点·次
工料机名称		单位	消耗量		
人工	技术工日	工日	0.3		0.064
机械	仪器仪表使用费	元			6.5
其他	参数检测	项		1	

工作内容：
1. 样品采集、送检：实地取样，送检。
2. 样品检测：对送检水体进行各类参数检测。
3. 水质监测：实施收集水质监测设施反馈数据。

表 4-15　安全监测（CCTV 涵管检查）消耗量（工作量）清单

单位：m

项　目　名　称			管涵 CCTV 检查
工料机名称		单位	消耗量
人工	技术工日	工日	0.18
材料	其他材料费	元	25
机械	载货汽车　装载质量 4t	台班	0.12
	车载式检测仪器	台班	0.15

工作内容：包括仪器运输、现场检测、材料消耗、检查报告编写等。

表 4 - 16　　　　白蚁防治消耗量（工作量）清单 单位：100m^2·年

项　目　名　称			蚁情勘察	白蚁防治	其他动植物危害防治
工料机名称		单位	消耗量		
人工	技术工日	工日	0.72	2.592	1.272
材料	其他材料费	元		320.4	255.6
机械	载货汽车　装载质量2t	台班		0.12	
	其他机械费	元		154.68	

工作内容：

1. 蚁情勘察：检查外露特征，记录、标记、资料整编等。
2. 白蚁防治：标记、查菌、引杀结合。

表 4 - 17　　　　红火蚁防治消耗量（工作量）清单 单位：巢

项　目　名　称			红火蚁防治
工料机名称		单位	消耗量
人工	技术工日	工日	12
材料	黏土	m^3	1.3
	水	m^3	1.6
	其他材料费	元	30
机械	灌浆泵	台班	0.317
	泥浆拌和机　容量100～150L	台班	0.317

工作内容：红火蚁防治：钻孔、冲孔、制浆、灌浆、复灌、封孔、孔位转移。

表 4 - 18　　　　陆域清扫消耗量（工作量）清单 单位：1000m^2·年

项　目　名　称		陆　域　清　扫			
保洁等级		一级	二级	三级	四级
工料机名称	单位	消耗量			
人工	普通工日	工日	51.05	44.92	44.92	43.2
材料	铁铲	个	1.32	1.2	1.05	0.75
	垃圾斗	个	2.2	2	1.7	1.4
	小扫把	把	2.2	2	1.5	1.3

续表

项 目 名 称		陆 域 清 扫			
保洁等级		一级	二级	三级	四级
工料机名称	单位	消耗量			
材料 大扫把	把	12.1	11	8.2	5.9
材料 垃圾袋	个	346.5	315	270	225
材料 其他材料费	元	5.19	4.72	3.75	2.97

工作内容：清扫路面尘土、杂物，将垃圾运至指定集中点，保养作业机具。

表 4-19 　　　陆域保洁消耗量（工作量）清单 单位：1000m² · 年

项 目 名 称		陆 域 保 洁			
保洁等级		一级	二级	三级	四级
工料机名称	单位	消耗量			
人工 普通工日	工日	211.03	136.06	85.55	49.43
材料 铁铲	个	1.1	1	0.95	0.65
材料 垃圾斗	个	2.09	1.9	1.7	1.4
材料 小扫把	把	4.73	4.3	3.5	2.5
材料 大扫把	把	2.09	1.9	1.7	1.5
材料 垃圾袋	个	297	270	243	225
材料 其他材料费	元	3.87	3.52	2.98	2.54

工作内容：保持路面（人工）清洁，将垃圾运至指定地点倾倒，保养作业机具。

表 4-20 　　　水域保洁消耗量（工作量）清单 单位：1000m² · 年

项 目 名 称		水 域 保 洁			
保洁等级		一级	二级	三级	四级
工料机名称	单位	消耗量			
人工 普通工日	工日	246.375	197.1	147.825	98.55
材料 其他材料费	元	350.4	306.6	262.8	219
机械 机艇小型	台班	5.84	5.11	4.38	3.65

工作内容：水上清捞垃圾，保持水域清洁，将垃圾运至指定地点倾倒，保养作业机具。

表 4-21　　　　安保和防恐消耗量（工作量）清单　　单位：人·年

项　目　名　称		安保和防恐人员 （三班制）	安保和防恐人员 （两班制）
工料机名称	单位	消耗量	
人工　　普通工日	工日	417.000	625.500

工作内容：

1. 巡视、保障水库范围内无违法事件、无安全事故发生；水库日常安保登记。
2. 消耗量已考虑台风暴雨值班、节假日加班及调配人员工日。

4.2.3　物业化管理工作定额标准

制度建设、巡视检查、运行操作、安全管理（部分内容）、档案管理、安全监测、白蚁防治及其他有害生物防治、水库保洁、安保和防恐等水库运行管理工作消耗量（工作量）清单见表4-22～表4-30。

表 4-22　　　　　　制度建设定额标准　　　　　单位：元/座

项目名称	定　额　标　准			
	大（1）型	大（2）型	中型	小型
一类工资区	80195	47598	30299	20649
二类工资区	75549	45274	29137	20069
三类工资区	70902	42951	27976	19488
四类工资区	66995	40998	26999	18999

包括但不限于以上制度，每增加1项制度定额标准调整系数增加0.09。

表 4-23　　　　　　巡视检查定额标准

项目名称	定　额　标　准	
	大坝日常检查 /[元/(1000m² ·月)]	大坝定期检查及特别检查 /[元/(1000m² ·年)]
一类工资区	681	1850
二类工资区	630	1709
三类工资区	578	1569
四类工资区	534	1451

表 4 - 24　　　　　　**运 行 操 作 定 额 标 准**　　　　单位：元/(台·年)

项目名称	定额标准	项目名称	定额标准
一类工资区	11126	三类工资区	9437
二类工资区	10282	四类工资区	8726

表 4 - 25　　　　　　**安 全 管 理 定 额 标 准**　　　　　　单位：元/年

项目名称	安全生产检查定额标准			
	大（1）型	大（2）型	中型	小型
一类工资区	44506	33379	16690	5563
二类工资区	41126	30845	15422	5141
三类工资区	37747	28310	14155	4718
四类工资区	34906	26179	13090	4363

项目名称	应急演练定额标准			
	大（1）型	大（2）型	中型	小型
一类工资区	29272	24272	19272	14272
二类工资区	28568	23568	18568	13568
三类工资区	27864	22864	17864	12864
四类工资区	27272	22272	17272	12272

项目名称	防汛值守定额标准			
	大（1）型	大（2）型	中型	小型
一类工资区	20862	15647	10431	5216
二类工资区	19278	14459	9639	4820
三类工资区	17694	13271	8847	4424
四类工资区	16362	12272	8181	4091

项目名称	定 额 标 准			
	大（1）型	大（2）型	中型	小型
一类工资区	94640	73298	46393	25051
二类工资区	88972	68871	43629	23528
三类工资区	83305	64445	40866	22006
四类工资区	78540	60723	38543	20726

表 4-26　　　　　　档案管理定额标准　　　　　单位：元/年

项目名称	定　额　标　准			
	大（1）型	大（2）型	中型	小型
一类工资区	10431	6954	3477	580
二类工资区	9639	6426	3213	536
三类工资区	8847	5898	2949	492
四类工资区	8181	5454	2727	455

表 4-27　　　　　　安 全 监 测 定 额 标 准

项目名称	定　额　标　准						
	变形监测/[元/（点·次）]	渗流监测/[元/（点·次）]	应力应变及温度监测/[元/（点·次）]	环境量监测/[元/（点·次）]	水质检测（不含水质参数检测费用）/（元/份）	水质监测/[元/（点·次）]	管涵CCTV检查/（元/m）
一类工资区	69	198	186	71	35	14	448
二类工资区	64	184	172	66	32	13	446
三类工资区	59	170	158	61	29	13	445
四类工资区	54	158	146	57	27	12	443

表 4-28　　　　白蚁防治及其他有害生物防治定额标准

项目名称	定　额　标　准			
	蚁情勘察/[元/（100m²·年）]	白蚁防治/[元/（100m²·年）]	其他动植物危害防治/[元/（100m²·年）]	红火蚁防治/（元/巢）
一类工资区	83	816	403	1680
二类工资区	77	793	392	1575
三类工资区	71	770	381	1469
四类工资区	65	751	371	1380

表 4-29　　　　　　　　　水库保洁定额标准

单位：元/(1000m² · 年)

项目名称	陆　域　清　扫			
保洁等级	一级	二级	三级	四级
一类工资区	5223	4624	4458	4155
二类工资区	4901	4341	4175	3883
三类工资区	4579	4058	3892	3611
四类工资区	4309	3820	3654	3382
项目名称	陆　域　保　洁			
保洁等级	一级	二级	三级	四级
一类工资区	18152	11872	7620	4546
二类工资区	16823	11015	7081	4234
三类工资区	15493	10157	6542	3923
四类工资区	15103	13730	12330	11360
项目名称	水　域　保　洁			
保洁等级	一级	二级	三级	四级
一类工资区	23789	19282	14774	10267
二类工资区	22237	18040	13843	9646
三类工资区	20685	16798	12912	9025
四类工资区	19379	15753	12128	8503
项目名称	定　额　标　准			
保洁等级	一级	二级	三级	四级
一类工资区	47164	35778	26852	18968
二类工资区	43960	33396	25099	17763
三类工资区	40757	31014	23346	16559
四类工资区	38791	33304	28112	23245

表 4-30　　　　　　　安保和防恐定额标准　　　单位：元/（人·年）

项目名称	定　额　标　准	
	安保和防恐人员（三班制）	安保和防恐人员（两班制）
一类工资区	34611	51917
二类工资区	31984	47976
三类工资区	29357	44035
四类工资区	27147	40720

5 物业化管理养护监督考评机制

（1）购买主体应按以下原则开展服务活动考核：

1）公开、公平、公正原则。

2）全面考核、突出重点、注重实效、利于提高原则。

3）定性和定量相结合原则。

（2）购买主体可参照附录 M 制定或在合同中约定水库管护服务考核办法和标准，并按考核办法和标准要求，在每个合同年度结束前，组织对服务活动进行上一年度考核。

（3）水库管护服务考核可采用日常检查、定期（月或季）考评、年终考评和水行政主管部门监督检查相结合的年度考核方式，考核结果分优良、合格、不合格三个档次。

日常检查、定期（月或季）考评、年终考评可由购买主体组织实施或委托第三方开展。

（4）购买主体应根据年度综合考核结果实施奖惩措施。对考核优良的承接主体应予以续聘；对考核不合格的承接主体应责令整改，整改不到位的应及时中止其履行合同，取消其水库管护服务资格，并记入省级平台。

（5）承接主体每年均应进行年度自检，对照附录 M.2 的年终考评（自检）标准，进行全面检查、评分，填写考评（自检）表，并将自检结果报购买主体。

（6）承接主体应积极配合水库主管部门或管理单位（产权所有者）根据有关规定开展水库管护服务考核，并及时按考核结果、意见要求进行整改。

6 物业化管理养护市场信息化监管

（1）推进水利信息化与物业化融合，省级建立水库物业化管理养护市场信息化监管系统（以下简称"信息化监管系统"）和相应监督考核软件 APP，各地可直接使用省级开发建设的信息化监管系统，也可自行开发。对于已建设或正在建设的信息化监管系统，应与省系统无缝对接，实现对全省水库的物业化管理养护情况进行协同管理、动态监管。信息化监管系统数据接入方式要求见附录 N。

（2）信息化监管系统应覆盖水库物业化管理养护的全流程，具有承接主体基本信息录入、承接主体服务能力评价信息公开、承接主体信用统计和信用信息公开、物业化项目基本信息公开、招投标信息公开、日常监督检查、不良行为记录公开等功能，达到各流程、各环节及关键点全过程信息化管理。

（3）应使用省级开发的或能与省级平台互联互通的监督考核软件 APP，开展对承接主体履约情况的日常监督检查活动。

7 主 要 依 据

7.1　法律法规

（1）《中华人民共和国防洪法》（2016 年修正）。

（2）《中华人民共和国抗旱条例》（2012 年修正）。

（3）《水库大坝安全管理条例》（2018 年修正）。

（4）《广东省水利工程管理条例》（2020 年修正）。

（5）《广东省水库大坝安全管理实施细则》（1994 年发布）。

7.2　行业文件和规定

（1）《国务院办公厅转发国务院体改办关于水利工程管理体制改革实施意见的通知》（国办发〔2002〕45 号）。

（2）《国务院办公厅关于切实加强水库除险加固和运行管护工作的通知》（国办发〔2021〕8 号）。

（3）《国家防汛抗旱总指挥部关于防汛抗旱行政责任人的通报》（国汛〔2021〕2 号）。

（4）《综合利用水库调度通则》（水管〔1993〕61 号）。

（5）《水利部关于印发〈水利工程管理单位定岗标准（试点）〉和〈水利工程维修养护定额标准（试点）〉的通知》（水办〔2004〕307 号）。

（6）《水利工程管理单位定岗标准（试点）》（2004 年）。

（7）《水利工程维修养护定额标准（试点）》（2004 年）。

（8）《水利部关于加强水库安全管理工作的通知》（水建管〔2006〕131 号）。

（9）《小型水库安全管理办法》（水安监〔2010〕200 号）。

（10）《水利部关于进一步明确和落实小型水库管理主要职责及运行管理人员基本要求的通知》（水建管〔2013〕311号）。

（11）《水利部办公厅关于进一步做好水库大坝安全鉴定工作的通知》（办建管〔2018〕71号）。

（12）《水利部关于进一步加强水库大坝安全管理的意见》（水建管〔2018〕63号）。

（13）《水利部关于修订印发水利工程管理考核办法及其考核标准的通知》（水运管〔2019〕53号）。

（14）《水利部办公厅关于印发小型水库防汛"三个责任人"履职手册（试行）和小型水库防汛"三个重点环节"工作指南（试行）的通知》（办运管函〔2020〕209号）。

（15）《水利部关于印发加快推进新时代水利现代化的指导意见的通知》（水规计〔2018〕39号）。

（16）《广东省人民政府办公厅关于印发政府向社会力量购买服务暂行办法的通知》（粤府办〔2014〕33号）。

（17）《广东省水利厅关于深化小型水利工程管理体制改革的实施方案》（粤水建管〔2014〕69号）。

（18）《广东省水利厅关于印发〈广东省水利工程巡查细则〉的通知》（粤水建管〔2015〕63号）。

（19）《广东省水利厅关于水利工程白蚁防治的管理办法》（粤水办〔2015〕6号）。

（20）《广东省水利厅关于发布我省水利水电工程设计概（估）算编制规定与系列定额的通知》（粤水建管〔2017〕37号）。

（21）《广东省水利厅关于开展小型水库安全运行管理标准化工作的通知》（粤水运管〔2019〕10号）。

（22）《广东省水利厅关于印发〈广东省深化小型水库管理体制改革样板县创建工作指引（2021年度）〉的通知》（粤水运管函〔2021〕143号）。

（23）《〈广东省水利水电工程设计概（估）算编制规定〉与系列定额的通知》（粤水建管〔2017〕37）。

（24）《广东省水利水电工程设计概（估）算编制规定》（2017年，中国水利水电出版社）。

（25）《广东省水利水电建筑工程概定额》（上、下册）（2017年，中国水利水电出版社）。

（26）《广东省水利水电设备安装工程概算定额》（2017年，中国水利水电出版社）。

（27）《广东省水利水电工程施工机械台班费定额》（2017年，中国水利水电出版社）。

（28）《广东省水利厅关于印发〈广东省水利水电工程营业税改征增值税后计价依据调整实施意见〉的通知》（粤水建管〔2016〕40号）。

（29）《关于印发〈广东省水利水电工程物业管理服务能力评价指南（试行）〉的通知》（粤水协函〔2020〕13号）。

（30）《广东省物价局关于建筑消防设施检测收费有关问题的批复》（粤价〔2001〕340号）。

（31）《深圳市水务局关于印发〈深圳市水库管理养护规范（试行）〉〈深圳市水库管理养护消耗量标准（试行）〉的通知》（深水源〔2020〕4号）。

（32）《深圳市水库管理养护规范（试行）》（2020年）。

（33）《深圳市水库管理养护消耗量标准（试行）》（2020年）。

（34）《广州市水利工程维修养护标准》（2018年）。

（35）《广州市城市绿地常规养护工程年度费用估算指标》（2018年）。

7.3　其他省市参考文件

（1）《福建省水利厅关于印发〈全面推行小型水库社会化管养的指导意见〉〈福建省小型水库管护购买服务技术规程（试行）〉的通知》（闽水运管函〔2020〕5号）。

（2）《浙江省水利厅关于印发向社会力量购买水利工程运行

管理服务意见的通知》(浙水法〔2016〕4 号)。

(3)《浙江省水利水电工程管理协会关于印发〈浙江省水利水电工程物业管理服务能力评价指南(试行)〉的通知》(浙水管协〔2016〕2 号)。

(4)《重庆市水利工程运行管理向社会力量购买服务的指导意见》(渝水〔2015〕246 号)。

(5)《浙江省水利工程维修养护定额标准》(2018 年)。

(6)《浙江省水利工程维修养护经费编制细则》(2018 年)。

(7)《河南省水利工程维修养护定额标准新增项目(试行)》。

(8)《安徽省水利工程维修养护定额标准(试行)》(2016 年)。

(9)《福建省水库工程维修养护定额标准(试行)》(2020 年)。

(10)《福建省水库工程维养定额标准使用说明》(2020 年)。

(11)《福建省小型水库管护购买服务技术规程(试行)》(2020 年)。

(12)《泉州市水利局关于印发泉州市小型水库物业管理指导意见(试行)和泉州市小型水库物业管理合同示范文本(试行)的通知》(泉水管〔2019〕49 号)。

(13)《泉州市小型水库物业管理指导意见(试行)》(2019 年)。

(14)《泉州市水库工程物业化管理合同示范文本》(2019 年)。

(15)《泉州市水库工程物业化运行管理考核标准及考评办法》(2019 年)。

7.4 技术标准

(1)《水利技术标准编写规定》(SL 1)。

(2)《水利水电工程等级划分及洪水标准》(SL 252)。

(3)《水库工程管理设计规范》(SL 106)。

(4)《混凝土坝养护修理规程》(SL 230)。

(5)《土石坝养护修理规程》(SL 210)。

(6)《水工钢闸门和启闭机安全运行规程》(SL 722)。

（7）《水利水电工程安全监测系统运行管理规范》（SL/T 782）。

（8）《土石坝安全监测技术规范》（SL 551）。

（9）《混凝土坝安全监测技术规范》（SL 601）。

（10）《大坝安全监测仪器报废标准》（SL 621）。

（11）《防汛物资储备定额编制规程》（SL 298）。

（12）《水利水电工程设计工程量计算规定》（SL 328）。

（13）《国家三、四等水准测量规范》（GB/T 12898）。

（14）《城镇排水管道检测与评估技术规程》（CJJ 181）。

（15）《城镇道路养护技术规范》（CJJ 36）。

（16）《水库大坝安全评价导则》（SL 258）。

（17）《水库调度规程编制导则》（SL 706）。

（18）《水库洪水调度考评规定》（SJ 224）。

（19）《水库大坝安全管理应急预案编制导则》（SL/Z 720）。

（20）《水利水电工程劳动安全与工业卫生设计规范》（GB 50706）。

（21）《土石坝安全监测资料整编规程》（DL/T 5256）。

（22）《混凝土坝安全监测资料整编规程》（DL/T 5209）。

（23）《水利工程物业化管理技术规范》（DB50/T 1010）。

参 考 文 献

[1] 苏宝炜. 从旧模式到新思维：开启现代物业资产运维新时代 [J]. 住宅与房地产，2017 (28)：38 - 43.

[2] 罗纪红. 工程管理才是物业管理的核心 [J]. 现代物业 (中旬刊)，2016 (9)：70 - 71.

[3] 周学文，李焕雅，祖雷鸣. 对水利工程管理单位体制改革几个问题的认识 [J]. 中国水利，2002 (8)：19 - 22.

[4] 水利部水利建设与管理司. 创新体制机制 促进科学发展——全国水管体制改革调研报告 [J]. 水利建设与管理，2009，29 (4)：1 - 5.

[5] 柳长顺，张秋平. 关于深化水利工程管理体制改革的几点思考 [J]. 水利发展研究，2010，10 (8)：57 - 61.

[6] 广东省水利厅. 广东省水库运行管理工作年报 (2020 年) [R]. 广州：广东省水利厅，2020：2 - 3.

[7] 邹振宇，毛建平，袁明道，等. 以小型水利工程管理体制改革助力乡村振兴战略的广东实践 [J]. 中国水利，2018 (20)：59 - 62.

[8] 耿爽，夏甜. 广东省小型水利工程管理体制改革进展与对策探讨 [J]. 广东水利水电，2016 (11)：61 - 63.

[9] 孙金华. 我国水库大坝安全管理成就及面临的挑战 [J]. 中国水利，2018 (20)：1 - 6.

[10] 重庆物业化管理让水利工程有了新"管家" [J]. 中国水利，2016 (24)：216 - 219.

[11] 陈维惠. 福建省小型水库物业化管理机制探讨 [J]. 水利科技，2020 (3)：56 - 57.

[12] 吕丽芬，李继国，刘飞鹏，等. 物业化管理模式在云南小型水利工程中的应用 [J]. 云南水力发电，2020，36 (8)：256 - 258.

[13] 郑萌. 水闸工程推行物业化和专业化管理的实践和思考 [J]. 水利发展研究，2015，15 (12)：20 - 23，37.

[14] 构建"一核一带一区"区域发展新格局 促进全省区域协调发展 [N]. 南方日报，2019 - 07 - 19 (A01).

[15] 刘玉姿. 政府购买公共服务立法研究 [M]. 厦门：厦门大学出版社，2016.

附 录

附录 A 承接主体项目部各类人员职责、任职条件

A.1 管理与技术岗位设置

A.1.1 项目负责

1. 主要职责

（1）贯彻执行国家的有关法律、法规、方针政策及上级主管部门的决定、指令。

（2）全面负责项目部相关工作。

（3）组织制定和实施年度工作计划，建立健全各项规章制度，不断提高管理水平。

（4）推动科技进步和管理创新，加强职工政治思想工作和技术教育培训，关心职工生活，提高职工队伍素质。

（5）协调处理各种关系，完成上级交办的其他工作。

2. 任职条件

（1）水利类或相关专业大专毕业及以上学历。

（2）对于大型水库工程，取得相当于高级工程师及以上专业技术职称任职资格；对于中型水库工程，取得相当于工程师及以上专业技术职称任职资格；对于小型水库工程，取得相当于助理工程师及以上专业技术职称任职资格；并经相应岗位培训合格。

（3）掌握《中华人民共和国水法》《中华人民共和国防洪法》《水库大坝安全管理条例》等法律、法规；掌握水利工程管理的基本知识；熟悉相关技术标准；具有较强的组织协调、决策和语言表达能力。

A.1.2 项目技术负责

1. 主要职责

（1）贯彻执行国家的有关法律、法规和相关技术标准。

（2）全面负责技术管理工作，掌握工程运行状况，及时处理主要技术问题，保障工程安全和效益发挥。

（3）组织制定、实施年度工作计划。

（4）组织指导职工技术培训、考核及科技档案工作。

（5）组织技术资料收集、整编及归档工作。

2. 任职条件

（1）水利、土木类本科毕业及以上学历。

（2）取得工程师及以上专业技术职称任职资格，并经相应岗位培训合格；从事水利工程行业时间不少于10年。

（3）熟悉《中华人民共和国水法》《中华人民共和国防洪法》《水库大坝安全管理条例》等法律、法规；掌握水利规划及工程设计、施工、管理等专业知识和相关技术标准；了解国内外现代化管理的科技动态；具有较强的组织协调、技术决策和语言文字表达能力。

A.1.3 安全生产

1. 主要职责

（1）遵守国家有关安全生产的法律、法规和相关技术标准。

（2）承担安全生产管理与监督工作。

（3）承担安全生产宣传教育工作。

（4）参与制定、落实安全管理制度及技术措施。

（5）参与安全事故的调查处理及监督整改工作。

2. 任职条件

（1）水利类中专毕业及以上学历。

（2）取得初级及以上专业技术职称任职资格，并经相应岗位培训合格。

（3）掌握有关安全生产的法律、法规和规章制度；有一定安全生产管理经验；具有分析和处理安全生产问题的能力。

A.1.4 档案管理

1. 主要职责

（1）遵守国家有关档案方面的法律、法规及上级的有关规定。

（2）承担档案管理工作。

2. 任职条件

（1）水利或档案类中专或高中毕业及以上学历，并经相应岗位培训合格。

（2）熟悉国家的有关法律、法规和上级部门的有关规定；掌握档案管理等专业知识；具有一定政策水平和较强的语言文字表达能力。

A.1.5   水工技术管理

1. 主要职责

（1）遵守国家有关工程管理方面的法规和相关技术标准。

（2）承担水工技术管理的具体工作。

（3）参与工程管理规划、养护修理年度计划的编制工作。

（4）承担工程养护修理的质量监管工作。

（5）参与工程设施一般事故调查，提出技术分析意见。

2. 任职条件

（1）水利类大专毕业及以上学历。

（2）取得助理工程师及以上专业技术职称任职资格，并经相应岗位培训合格。

（3）掌握水库工程管理、运行等方面的专业知识和相关技术标准；了解水库现代化管理的知识；具有分析、解决水库工程管理技术问题的能力。

A.1.6   水文预报

1. 主要职责

（1）遵守国家有关水位预报的法律、法规和相关技术标准。

（2）承担水文和气象观测资料的收集、整理、分析工作，编制水文预报方案。

（3）及时掌握雨情、水情及天气形势，做出实时预报。

（4）参与编制水库调度运用方案。

2. 任职条件

（1）水利水电工程、水文水资源、城市水务等专业大专毕业及以上学历。

（2）取得助理工程师及以上专业技术职称任职资格，并经相应岗位培训合格。

（3）掌握水文预报方面的有关技术标准；熟悉水文、气象及调度等方面的专业知识。

A.1.7 水库调度管理

1. 主要职责

（1）遵守国家有关水库调度、供水方面的法律、法规和上级有关规定、指令。

（2）参与编制水库调度运用方案。

（3）按规定实施水库调度，并传递有关调度信息；整编水库调度资料，编写技术总结。

（4）制定供水管理、水费计收办法等规章制度。

（5）承担供水计量、水费计收管理的日常工作，结合调度指令适时供水。

2. 任职条件

（1）水利类大专毕业及以上学历。

（2）取得助理工程师及以上专业技术职称任职资格，并经相应岗位培训合格。

（3）掌握水库管理、调度等方面的有关法规和技术标准；熟悉水库工程管理、水利经济、调度和运用方面的专业知识；具有处理水库调度运用技术问题的能力。

A.1.8 大坝安全监测管理

1. 主要职责

（1）遵守国家有关大坝安全管理方面的法规和技术标准。

（2）承担大坝安全监测的管理工作，处理监测中出现的技术问题。

（3）承担大坝安全监测资料整编和分析工作，并提出工程运行状况报告。

（4）参与大坝安全鉴定工作。

（5）参与工程设施事故的调查处理，提出初步的技术分析意见。

2．任职条件

（1）水利类大专毕业及以上学历。

（2）取得助理工程师及以上专业技术职称任职资格，并经相应岗位培训合格。

（3）掌握水工建筑物设计、施工、运行和大坝安全监测的基本知识；掌握常规的水工观测设备、仪器的性能和使用方法；熟悉工程的运行状况和特点；了解国内外大坝监测技术的动态；具有分析处理监测中出现的技术问题的能力。

A.1.9 信息和自动化管理

1．主要职责

（1）遵守国家有关信息和自动化管理方面的法律、法规和相关技术标准。

（2）承担通信（预警）系统、闸门启闭机集中控制系统、自动化观测系统、防汛决策支持系统、办公自动化系统及网络环境等管理工作。

（3）处理设备运行、维护中的技术问题。

（4）参与工程信息和自动化系统的技术改造工作。

2．任职条件

（1）通信或计算机类大专毕业及以上学历。

（2）取得助理工程师及以上专业技术职称任职资格，并经相应岗位培训合格。

（3）熟悉通信、网络、信息技术等基本知识；了解水利工程管理、运行等方面的有关知识；了解国内外信息和自动化技术的发展动态；具有处理信息和自动化方面一般技术问题的能力。

A.1.10 机电和金属结构技术管理

1．主要职责

（1）遵守国家有关法律、法规和相关技术标准。

（2）承担机电、金属结构等的技术管理工作，保障设备正常运行。

（3）承担机电设备、金属结构等的检查、运行、维护等技术工作，并承办资料整编和归档。

（4）参加机电设备、金属结构等的事故调查，提出技术分析意见。

2.任职条件

（1）机械、电气类大专毕业及以上学历。

（2）取得助理工程师及以上专业技术职称任职资格，并经相应岗位培训合格。

（3）掌握机械、电气、金属结构专业的基本知识；熟悉机械、电气设备及金属结构的性能；具有分析处理机械、电气设备常见故障的能力。

A.2 技术工人岗位设置

A.2.1 运行操作岗位

1.主要职责

（1）遵守规章制度和操作规程。

（2）严格按调度指令进行闸门启闭作业。

（3）管养值班、记录调度指令、填报操作日志记录。

2.任职条件

（1）技校（机械类专业）毕业及以上学历。

（2）取得中级工及以上技术等级资格，并经相应岗位培训合格，持证上岗。

（3）掌握闸门启闭机的基本性能和操作技能；了解闸门安装、调试的有关知识；具有处理管养中常见故障的能力。

A.2.2 监测岗位

1.主要职责

（1）遵守规章制度和相关技术标准。

（2）承担管养值班、水工建筑物的检查和观测工作。

（3）填写、保存原始记录；进行资料整理工作。

（4）承担监测设备、设施的日常检查与维护工作。

2. 任职条件

（1）技校（水利类专业）毕业及以上学历。

（2）取得初级及以上专业技术职称任职资格，并经相应岗位培训合格，持证上岗。

（3）掌握观测设备、仪器的性能及其日常保养方法；了解水工建筑物及大坝监测的基本知识；具有处理观测中常见问题的能力。

A.2.3　巡查岗位

1. 主要职责

（1）遵守规章制度和相关技术标准。

（2）承担管养值班、水工建筑物的巡视检查工作。

（3）填写、保存原始记录；进行资料整理工作。

（4）承担巡查设备、设施的日常检查与维护工作。

2. 任职条件

（1）技校（水利类专业）毕业及以上学历。

（2）取得初级及以上专业技术职称任职资格，并经相应岗位培训合格，持证上岗。

（3）掌握巡查设备的性能及其日常保养方法；了解水工建筑物及大坝巡查的基本知识；具有处理巡查中常见问题的能力。

A.2.4　养护岗位

1. 主要职责

（1）遵守国家有关工程管理方面的法规和相关技术标准。

（2）承担管养值班、水库及附属设施设备养护的具体工作。

（3）承担水库主体工程、机电设备、金属结构的养护工作，及时处理常见故障并报告。

（4）填报管养值班、养护、日志记录。

2. 任职条件

（1）水利类大专毕业及以上学历。

（2）取得助理工程师及以上专业技术职称任职资格，并经相应岗位培训合格。

（3）掌握水库工程管理、运行等方面的专业知识和相关技术标准。

A.2.5　维修岗位

1．主要职责

（1）遵守国家有关工程管理方面的法规和相关技术标准。

（2）承担管养值班、水库及附属设施设备维修的具体工作。

（3）填报管养值班、维修、日志记录。

2．任职条件

（1）水利类大专毕业及以上学历。

（2）取得助理工程师及以上专业技术职称任职资格，并经相应岗位培训合格。

（3）掌握水库工程管理、运行等方面的专业知识和相关技术标准。

A.2.6　保洁岗位

1．主要职责

（1）遵守国家安全生产的有关法律、规章制度和操作规程，严格贯彻落实安全生产责任制。

（2）清除、打捞水面漂浮物、水面溢油油污和陆域垃圾等，并做妥当的处置。

（3）严格遵守和执行安全规章制度和操作规程，文明生产，文明运输，规范使用劳防用品，着装整洁。装卸时做到垃圾不人为下库，恪守岗位安全职责，反对野蛮操作，保持水域清洁。

（4）建立保洁过程资料，及时收集、整理，真实、客观、全面反映保洁工作实际。

2．任职条件

（1）初中毕业及以上学历，并经相应岗位培训合格，持证上岗。

（2）充分认识保洁工作的艰苦性和重要性，热爱本职、自尊自爱，遵章守纪、严守岗位，尽心尽责，不怕困难；工作态度和气，提倡礼貌用语，做到礼貌待人。

（3）身体健康，熟悉水性、会游泳；具备船舶、气象、水上作业安全等知识，熟悉业务，精通本行，掌握更多的技能和本领。

A.2.7 安保岗位

1. 主要职责

（1）宣传贯彻《中华人民共和国水法》《中华人民共和国水土保持法》《中华人民共和国防洪法》《中华人民共和国水污染防治法》《中华人民共和国治安管理处罚法》等法律法规。

（2）负责并承担管理范围内水资源、水域、生态环境及水利工程或设施等的保护工作。

（3）负责对水事活动进行监督检查，维护正常的水事秩序，对公民、法人或其他组织违反法律法规的行为及时、逐级上报水行政主管部门，并配合实施行政处罚或采取其他行政措施。

（4）配合公安和司法部门查处水事治安和刑事案件。

2. 任职条件

（1）高中毕业及以上学历，并经相应岗位培训合格。

（2）掌握国家有关法律、法规；了解水利专业知识；具有协调、处理水事纠纷的能力。

附录 B　水库物业化管理养护合同案例

某水库物业管理合同案例

二零二壹年七月

某水库物业管理合同案例

第一条　本合同当事人

甲方：<u>水库工程管理单位（或水库主管部门）</u>（以下简称甲方）

乙方：<u>物业服务企业</u>（以下简称乙方）

为了规范水库工程及其附属配套设施、设备和相关场地进行管理制度建设、巡视检查、维修养护、运行操作、档案管理、安全管理、安全监测和白蚁防治及其他有害生物防治，维护相关区域内的环境卫生和安保及防恐的活动，确保水库工程运行安全，发挥工程效益，根据《中华人民共和国民法典》《中华人民共和国水法》《水库大坝安全管理条例》《小型水库安全管理办法》等法律法规及相关规定，甲乙双方就水库物业管理服务事项协商达成一致，订立本合同。

第二条　物业基本情况

1. 水库工程地点。

2. 水库名称。

3. 管理的水工建筑物及设施设备：

1）大坝（主副坝）；

2）溢洪道（含启闭设备）；

3）输水涵洞（含启闭设备及进水闸、穿坝建筑物、水工隧洞、出水闸以及坝后渠道等）；

4）观测设施（含水位尺）；

5）管理房及机电设备。

第三条　水库工程管理范围和保护范围

1. 水库库区的管理范围为坝顶高程以下或水库校核洪水位以下的淹没区，保护范围为管理范围外延至第一道山分水岭为界。

2. 水库工程区管理范围和保护范围。

3. 管理房及周边环境（有围墙的以围墙为界）。

4. 进坝道路。

第四条 管养服务内容

1. 养护类工作：

（1）保持大坝（包括主坝、副坝）、溢洪道、输水涵洞、启闭设备、机电设备、观测设施等外观整洁，并进行日常维修养护。

（2）标识标牌维护，坝面排水沟（坝后渠道）杂物清理。

（3）其余事项：（由甲乙双方约定增加）。

2. 管理类工作：

（1）履行技术责任人和巡查责任人职责。

（2）整理日常巡查、定期检查等现场管理和资料，负责年度水雨情资料和运行资料整编。

（3）制定水库管理制度并上墙，编制维修养护计划并对有关报表统计汇总等。

（4）台风暴雨期间，按防汛部门通知要求值守，及时制止和上报水库管理范围内的"四乱"和保护范围内的违章行为。

（5）其余事项：由甲乙双方约定增加编制应急预案、调度运用方案和安全鉴定及其他事项。

第五条 其他委托事项：水库零星工程单座单次维修养护费用在＿＿＿元以内的，由乙方提出维修养护专项申请报告，报甲方批准，并由甲方承担费用，甲乙双方签订补充协议后由乙方负责组织实施。＿＿＿元以上的维修养护项目由甲方另行委托。

第六条 委托管理期限为＿＿年。自＿＿年＿＿月＿＿日时起至＿＿年＿＿月＿＿日时止。

第七条 甲方权利与义务

1. 甲方是水库安全运行、防洪调度、安全事故处理、水事纠纷处理的责任主体。

2. 完善水库必要的水雨情观测设施、管理用房、防汛应急抢险物资、通信设施和交通条件等。

3. 在合同生效之日起____日内向乙方无偿提供必要的值守场所，乙方要维护该房屋的整洁，不得挪作他用。若甲方无法提供必要的值守用房，则由乙方在水库附近租赁，费用由双方商议确定。

4. 负责收集、整理物业管理所需图纸、档案、资料，并于合同生效之日起____日内向乙方移交。

5. 组织物业服务企业参与县、乡（镇）、村的防汛演练，参与水库调度运用方案推演和水库（防洪抢险）应急预案演练。

6. 审定乙方拟定的物业管理制度、物业管理服务年度计划、财务预算及决算，以及零星工程维修养护报告。

7. 甲方对乙方履行合同情况进行日常检查、暗访督查，以及月、季、年度考评考核工作，并将检查考核情况报县级水行政主管部门备案，作为申请拨款的依据；并根据检查结果对乙方履约情况进行评估定级。

8. 按合同约定拨付物业管理费。

第八条　乙方权利与义务

1. 乙方根据合同约定要求，对委托管理服务的事项负责，并承担相应的经济和法律责任；其他不可预见的自然灾害以及非管理服务内的经济、法律、安全责任由甲方负责。

2. 执行水库工程安全运行有关管理规范规章制度，完成合同约定的物业管理内容和目标。

3. 严格执行上级防汛部门以及工程安全运行管理责任主体的防洪（兴利）调度指令。

4. 负责管理水库有关的图纸、档案、资料，严格有关保密制度，未经甲方同意不得转借。

5. 乙方要根据管养服务内容安排相应数量人员，即：

1）每____座水库必须配备至少____名水利专业工程师或助理工程师及至少____名水库巡查人员；

2）台风暴雨期间（按防汛部门通知要求），每座水库必须配备至少____名值守人员；

3）要配备____名安全员和____名档案员；

4）巡查人员和值守人员聘请条件应符合有关规定。

6. 乙方在所服务的县域应有固定的办公场所，配备必要的办公设备、交通通信设备和巡查保洁工具。

7. 乙方要组织相关人员学习和掌握水利行业相关法律法规、水库安全运行管理有关知识，熟练掌握所承担的水库工程特性、工程运行历史资料、安全隐患、上下游情况、防洪调度和应急抢险预案等基本情况和机电设施操作、维修养护方法，以及大坝险情的应急处置方法。

8. 乙方作为安全生产责任主体，对所承担的物业管理和所聘用人员的安全生产负责。要严格按照国家安全标准制定安全操作规程，配备必要的安全生产和劳动保护设施，加强对乙方人员的安全教育，并发放安全工作手册和劳动保护用具。

9. 乙方要配合甲方进行日常检查、暗访督查，以及月、季、年度考评考核工作。

10. 本合同终止时，乙方必须向甲方移交水库工程图纸、档案、资料及物业管理的档案资料，以及由甲方提供的值守房等。

第九条 物业管理工作要求：

1. 管理类事项

1）组建水库物业管理机构，并将各岗位、各专业的人数、职称、姓名等报送甲方审查、存档，人员变更需报甲方同意。

2）编制有针对性、可操作性的水库管理制度，有关制度和操作规程应制牌上墙。

3）要制定巡查制度、固定巡查路线和明确重点巡查部位，汛期每____天____次巡查，遇连续暴雨和特大暴雨（防汛主管部门通知）；或水库高水位（库水位高于正常蓄水位）时每天至少巡查____次；非汛期每周____次巡查；要应用 APP 巡查系统，及时上传巡查路线和隐患照片并及时准确填写巡查记录；发现险情、隐患和违章违法行为应第一时间向水库行政责任人及技术责任人报告。

4）台风暴雨期间，水库现场的值守人员，应执行防汛主管部门要求报告水库水位和溢洪道、放水建筑物运行情况，并保持电话畅通。台风暴雨前，要按照防汛主管部门及甲方的调度指令做好预排预泄，并做好记录；台风暴雨后，要立即组织技术人员对水库进行检查，及时发现隐患和险情，提出修复方案和维修计划。

5）及时制止和上报水库（大坝、溢洪道、输水涵洞及库区）管理范围内的"四乱"（乱占、乱采、乱堆、乱建）行为和库区游泳、钓鱼等行为，以及保护范围内的违章行为。

6）指导和考核原镇村聘用值守人员的履职情况。

7）落实各级水行政主管部门有关水库管理的各项工作的统计、上报工作。

8）及时整理各种档案资料。

9）其余工作：（视情况而定）

2. 养护类事项

1）对大坝（迎水坡、背水坡、坝顶、防浪墙等）、溢洪道（进水段、泄槽段、消能段及边墙等）、值守房子周边____米范围内进行常态除草和卫生保洁，以保证外观整洁。草皮护坡的不得有杂草、灌木等，草皮的高度不得大于____厘米；清除杂草、灌木时不能破坏原建筑物结构，不能影响水质安全。清除后的杂草等不得堆放在坝面和溢洪道内。

2）每____月对水库启闭设备、机电设施进行一次上油保养，发现故障应及时维修；每半年对水位尺刻度和数值进行涂刷反光漆。

3）及时清理坝（坡）面及廊道内排水沟淤积、溢洪道淤积（树枝、石块、流土等，滑坡、塌方体等除外），保持水流通畅；及时修整大坝背水坡的雨淋沟，恢复坝坡原貌。

4）其他。

第十条　物业管理质量考核标准参照有关规定。

第十一条　物业管理服务报酬：本合同为以水库物业管理服

务为标的承揽式合同。服务报酬按年计收，每年为_____万元（大写：_____元整）。（不包括原镇村聘用的值守人员工资，其工资仍由镇政府发放。）

第十二条 支付方式：第一年度开始后____日内支付第一季度费用的____即（____万元）为预付款，第二、第三、第四季度按季度末申请；每个季度预留____，年度考核合格后____日内一次性付清剩余全部款项。

第十三条 甲方违反合同第七条的约定，使乙方未完成规定管理目标，乙方有权要求甲方在一定期限内解决，逾期未解决的，乙方有权终止合同；造成乙方经济损失的，甲方应给予乙方经济赔偿。

第十四条 乙方违反本合同第九条的约定，未能达到约定的管理目标，甲方有权要求乙方限期整改，逾期未整改的，甲方有权终止合同；造成甲方经济损失的，乙方应给予甲方经济赔偿。

第十五条 甲乙任一方无正当理由提前终止合同的，应向对方支付____元的违约金；给对方造成的经济损失超过违约金的，还应给予赔偿。由于甲方原因造成乙方人员工伤事故的，应由甲方承担责任。由于乙方原因在工程物业管理场地内及其毗邻地带造成的乙方工作人员及第三者人员伤亡和财产损失，由乙方负责赔偿。因主体建筑质量、设备设施质量或安装技术等原因，达不到使用功能，造成重大事故的，由甲方承担责任并作善后处理。产生质量事故的直接原因，以有资质的第三方的鉴定为准。

第十六条 乙方及乙方聘请的工作人员需对在管理期间获得的甲方的文件、数据、资料等全部内容保密，否则应承担因泄露秘密产生的全部责任。本条约定不因合同终止或解除而失效。

第十七条 自本合同生效之日起____天内，根据甲方委托管理事项，办理完交接验收手续。

第十八条　本合同之附件均为合同有效组成部分。本合同及其附件内，空格部分填写的文字与印刷文字具有同等效力。本合同及其附件和补充协议中未规定的事宜，均遵照中华人民共和国有关法律、法规和规章执行。

第十九条　本合同正本连同附件共____页，一式____份，甲乙方各执____份，并报送上级水行政主管部门备案，具有同等法律效力。

第二十条　乙方相关人员不履行管理职责或履行管理职责不到位的，按照有关规定进行处理，造成严重后果的，依法追究相关法律责任。

第二十一条　本合同执行期间，如遇不可抗力，致使合同无法履行时，双方应按有关法律规定及时协商处理。

第二十二条　本合同在履行中发生争议，双方应协商解决或报请物业管理水行政主管部门进行调解，协商或调解不成的，双方同意由仲裁委员会仲裁（当事人三方不在合同中约定仲裁机构，事后又未达成书面仲裁协议的，可以向人民法院起诉）。

第二十三条　合同期满本合同自然终止，双方如续订合同，应在该合同期满____日前向对方提出书面意见。

第二十四条　本合同自签字之日起生效。

甲方（盖章）：_____　　乙方（盖章）：_____
法定代表人/委托代理人　　　　法定代表人/委托代理人
（签名）：_____　　（签名）：_____

联系人（签名）：_____　　联系人（签名）：_____

　　　年　月　日　　　　　　　　　　年　月　日

附录 C 水库运行管理制度分类及编制内容

表 C.1   水库运行管理制度分类及编制内容

序号	制度名称	编 制 内 容
1	巡视检查制度	明确工程检查的组织、线路、频次、内容、方法、记录、分析、处理、报告等要求
2	安全监测制度	明确工程监测和水文观测的内容、时间、频次、方法、数据校核与处理、资料整编归档、异常分析报告,以及视频监视的时间、频次、信息报送、异常报告、资料保存备份等要求
3	调度运行制度	明确洪水预报、水库调度、放水预警、调度实施、调度总结(洪水调度考评)、调度记录、信息报送等要求
4	操作运行制度	明确各类金属结构与机电设备的运行规则、操作方式、工作准备、操作程序
5	维修养护制度	明确日常维护项目的内容、方式、频次、质量标准、考核,以及专项维修项目实施的程序、检查、验收等要求
6	防汛物资管理制度	明确防汛物资储备的种类、数量、分布以及储存、保管、更新、调运等要求
7	应急抢险及报告制度	明确应急组织体系,运行机制,应急保障,险情报告,宣传、培训和演练的要求
8	岗位责任制度	明确各水库运行管理岗位的岗位职责、上岗条件、工作考核、教育培训等
9	防汛值班制度	明确汛期值班的人员安排、工作内容、信息传递、值班记录、交接班手续等要求,并满足暴雨台风期 24 小时值班规定
10	大事记制度	重点记载水库逐年运行最高水位和泄量,运行中出现的异常情况,遭遇特大洪水、地震、异常干旱等极端事件,历次安全鉴定结论和加固改造情况,督查、稽查等情况
11	档案管理制度	明确与运行管理有关的文书、科技、声像等各类档案资料的收集、分类、整编、归档、保存、借阅、归还和保密等要求

注 巡视检查、操作运行、岗位责任、防汛值班应上墙明示。

附录D 巡视检查相关记录表

表D.1 大中型水库（土石坝）巡查记录表

检查类别：日常□/定期□/特别□　　检查日期：＿＿年＿＿月＿＿日

库水位：＿＿m　　下游水位：＿＿m　　天气：＿＿＿＿＿

序号	检查项目			检查内容	检查情况记录
1		坝顶		有无裂缝、异常变形、积水或杂草丛生等现象	
2		防浪墙		防浪墙结构有无开裂、松动、架空、变形和倾斜等情况	
3	坝体	坝坡	迎水坡	（1）有无裂缝、剥落、滑动、隆起、塌坑、冲刷或植物滋生等现象； （2）近坝水面有无冒泡、变浑、漩涡等异常现象； （3）砌石护坡有无块石松动、塌陷、垫层流失、架空或风化变质等损坏现象； （4）混凝土面板有无破损、裂缝、溶蚀破损现象	
4			背水坡		
5		坝趾		（1）下游坝趾有无冲刷、淘刷、管涌、塌陷； （2）渗漏水量、颜色、浑浊度及其变化情况	
6		导渗降压设施		（1）导渗降压设施工作是否正常； （2）导渗沟、排水棱体工作状况； （3）排水量、水体颜色及浑浊度	
7		排水系统		（1）排水孔工作状况； （2）排水量、水体颜色及浑浊度	
8	坝基及坝区	坝基		（1）坝基岩体有无明显挤压、错动、松动和鼓出； （2）坝基是否渗漏水，渗漏水的水量、颜色、气味及浑浊度、酸碱度、温度有无变化	

续表

序号	检查项目			检查内容	检查情况记录
9	基础廊道			（1）基础廊道有无裂缝、位移、漏水、溶蚀、剥落等现象； （2）伸缩缝开合状况、止水设施工作状况； （3）照明通风状况	
10	坝基及坝区	两岸坝端	左坝端	（1）坝体与岸坡连接处有无错动、开裂及渗水等情况； （2）两岸坝端连接段有无裂缝、滑动、崩塌、溶蚀、隆起、异常渗水和蚁穴、兽洞等； （3）岸坡护面及支护结构有无变形、裂缝； （4）岸坡地下水露头有无异常，表面排水设施和排水孔工作是否正常	
11			右坝端		
12		坝趾近区		坝趾近区有无阴湿、渗水、管涌、流土或隆起现象；有无杂草；排水设施是否完好	
13		坝端岸坡		（1）是否存在高边坡； （2）是否存在坡面滑动迹象； （3）护面及支护结构是否完好； （4）坡面排水系统有无异常	
14	输水涵洞（管）	上游铺盖		上游铺盖有无裂缝、变形、塌坑、杂草等	
15		引水段		引水段是否泥沙、石块淤积，是否遍布垃圾	
16		进水口		（1）进水口是否通畅，有无枯木、垃圾堆积； （2）拦污栅有无损坏	
17		进水塔（竖井）		塔身结构有无破损，是否存在裂缝、不均匀沉降、钢筋裸露等现象	
18		洞（管）身		（1）是否存在钢筋（钢管）锈蚀、混凝土脱落、裂缝、渗漏水等现象； （2）洞（管）内通水是否顺畅； （3）是否存在垃圾、植物滋生等现象	

序号	检查项目	检查内容	检查情况记录
19	出水口	(1) 出水口水流流态是否正常； (2) 是否存在冲坑； (3) 防护设施是否损坏	
20	消能工	是否设置防冲设施，消能工有无损坏或异常	
21	输水涵洞（管）	工作桥	桥身结构有无破损，是否存在裂缝、错位、不均匀沉降、钢筋裸露等现象	
22		闸门或阀门	(1) 闸门或阀门是否锈蚀； (2) 门叶是否正常运转； (3) 止水设施是否完好，是否渗漏水； (4) 门槽及埋设构件是否正常	
23		动力及启闭机	(1) 指示系统是否运行正常； (2) 电动机能否正常启动； (3) 启闭系统能否正常开启	
24		电气设备	供电电源是否运行正常，有无断电记录，电路线路是否老化	
25	溢洪道	进水段（引渠）	有无泥沙石块堆积、垃圾遍布、积水或杂草丛生等现象	
26		两侧边坡	(1) 是否存在坡面滑动迹象； (2) 护面及支护结构是否完好； (3) 坡面排水系统有无异常	
27		堰顶或闸室	(1) 堰顶是否损坏； (2) 闸室结构有无破损，是否存在裂缝、不均匀沉降、钢筋裸露等现象	
28		溢流面	是否存在破损开裂、混凝土面板脱落、植物滋生等现象	
29		消能工	(1) 是否设置防冲设施，消力池有无损坏或异常； (2) 是否杂草丛生	
30		工作（交通）桥	桥身结构有无破损，是否存在裂缝、错位、不均匀沉降、钢筋裸露等现象	

序号	检查项目		检查内容	检查情况记录
31	溢洪道	闸门或阀门	(1) 闸门或阀门是否锈蚀； (2) 门叶是否正常运转； (3) 止水设施是否完好，是否渗漏水； (4) 门槽及埋设构件是否正常	
32		动力及启闭机	(1) 指示系统是否运行正常； (2) 电动机能否正常启动； (3) 启闭系统能否正常开启及设备零部件是否完好	
33		电气设备	供电电源是否运行正常，有无断电记录，电路线路是否老化；电柜蓄电池是否及时更换	
34		下游河床及岸坡	(1) 下游河床是否长满杂草； (2) 河床是否受冲刷； (3) 河道是否变窄； (4) 两岸岸坡是否存在滑坡现象	
35	工程结合部	坝体与溢洪道结合处	结合处附近有无裂缝、错动、土体淘空、异常变形、渗漏积水或杂草丛生等现象	
36		坝体与输水洞（管）结合处	结合处附近有无裂缝、错动、土体淘空、异常变形、渗漏积水或杂草丛生等现象	
37		坝体与坝基、坝端结合处	结合处附近有无裂缝、错动、土体淘空、异常变形、渗漏积水或杂草丛生等现象	
38	监测及观测设施	环境量监测	(1) 水尺等水位观测设施是否完好； (2) 雨量站是否正常运行； (3) 是否设置坝前淤积和下游冲刷观测设施； (4) 库水温及气温是否按期观测	
39		变形监测	(1) 坝体表面变形、接（裂）缝变形、近坝岸坡变形、地下洞室围岩变形监测设施是否正常运行； (2) 变形监测基点、站点有无异常或损坏	

续表

序号	检查项目		检查内容	检查情况记录
40	监测及观测设施	渗流监测	（1）测压管是否都运行正常，有无堵塞； （2）量水堰有无破损、变位或倾斜； （3）绕坝渗流、近坝岸坡渗流、地下洞室渗流有无异常	
41		压力（应力）监测	是否设置孔隙水压力、土压力、应力应变及温度监测设施，有无损坏	
42		监测自动化系统	（1）现场网络数据和远程通信功能是否正常，传输线缆是否损坏； （2）防雷及抗干扰设施是否完整正常，有无损坏； （3）接收端电子设备、系统软件是否正常； （4）运行日志、故障日志是否按时记录	
43	白蚁	大坝及近坝库区	是否发现白蚁活动迹象的桩、坑、堆等，若有应绘简图并描述清楚	
44	电站	房屋结构	厂房整体结构有无沉降；梁、柱、楼板、墙体、屋顶有无裂缝、碳化和钢筋锈蚀情况	
45		水力设施	机墩、尾水管、尾水渠、排水设施是否完好	
46		电气设备	电气中控设备、监测设施是否发生异常	
47	工程管理与保护范围	工程管理保护设施	工程管理保护设施如围墙、护栏、围挡等有无损坏，坝顶过车限载设施及指示标牌是否完好	
48		界碑、界牌	界碑、界牌是否明显，有无损坏	
49		违法行为	在管护范围内有无违法违规作业等行为	
50		安全警示牌、宣传牌	安全警示牌、法规宣传牌是否健全，有无损坏，遮挡	

序号	检查项目	检查内容	检查情况记录
51	管理与保障设施	防汛物料	防汛物料是否充足，是否配备足够的铁锹、麻袋、推车等应急抢险设施和设备	
52		预警设施	是否配备预警设施，能否正常启动	
53		备用电源	是否配备柴油发电机等备用电源，能否正常启动	
54		照明与应急照明设施	照明灯具是否破损，应急照明设施是否能运行工作	
55		对外通信与应急通信设施	是否配备对讲机、固定电话机、传真机等通信设备，设备是否有效使用，通信讯号是否正常	
56		供水和消防系统	是否配备足够的消防器材，消防指示标志是否损坏	
57		其他		

异常情况初步分析及处理意见：

填表说明：

1. 本表采用签字笔或钢笔填写；

2. 本表由巡查人员在现场根据检查情况如实记录填写；

3. 巡查人员对照检查项目和内容细致进行检查，若未发现异常，检查情况栏填写"正常"，若发现异常则须描述清楚存在问题，记录异常的准确位置（桩号、高程）、数量等；

4. 若检查情况栏填不下，可另附页填写或直接写在异常情况初步分析及处理意见栏中。

巡查人员签名：　　　　校核人员签名：　　　　负责人员签名：

表 D.2　　大中型水库（混凝土坝、砌石坝）巡查记录表

检查类别：日常□/定期□/特别□　　　检查日期：____年____月____日

库水位：____ m　　　下游水位：____ m　　　天气：_____

序号	检查项目			检查内容	检查情况记录
1		坝顶		（1）有无裂缝、异常变形、积水或杂草丛生等现象； （2）伸缩缝开合状况	
2		防浪墙		防浪墙结构有无开裂、松动、架空、变形和倾斜等情况	
3	坝体	坝坡	迎水坡	（1）有无裂缝、错动、沉陷、剥蚀； （2）伸缩缝开合状况； （3）止水设施工作状况； （4）近坝水面有无冒泡、变浑、漩涡等异常现象	
4			背水坡	（1）有无裂缝、错动、沉陷、剥蚀、钙质离析、渗水； （2）伸缩缝开合状况； （3）混凝土有无老化破损，有无溶蚀、水流侵蚀现象	
5		坝趾		（1）下游坝趾有无冲刷、淘刷、管涌、塌陷； （2）渗漏水量、颜色、浑浊度及其变化情况	
6		廊道		（1）廊道有无裂缝、位移、漏水、溶蚀、剥落等现象； （2）伸缩缝开合状况、止水设施工作状况； （3）照明通风状况	
7		导渗降压设施		（1）导渗降压设施工作是否正常； （2）排水量、水体颜色及浑浊度	
8		排水系统		（1）排水孔工作状况； （2）排水量、水体颜色及浑浊度	
9	坝基及坝区	坝基		（1）坝基岩体有无明显挤压、错动、松动和鼓出； （2）坝基是否渗漏水，渗漏水的水量、颜色、气味及浑浊度、酸碱度、温度有无变化	

序号	检查项目			检 查 内 容	检查情况记录
10		基础廊道		（1）基础廊道有无裂缝、位移、漏水、溶蚀、剥落等现象； （2）伸缩缝开合状况、止水设施工作状况； （3）照明通风状况	
11	坝基及坝区	两岸坝端	左坝端	（1）坝体与岸坡连接处有无错动、开裂及渗水等情况； （2）两岸坝端连接段有无裂缝、滑动、崩塌、溶蚀、隆起、异常渗水和蚁穴、兽洞等； （3）岸坡护面及支护结构有无变形、裂缝； （4）岸坡地下水露头有无异常，表面排水设施和排水孔工作是否正常	
12			右坝端		
13		坝趾近区		坝趾近区有无阴湿、渗水、管涌、流土或隆起等现象；有无杂草；排水设施是否完好	
14		坝端岸坡		（1）是否存在高边坡； （2）是否存在坡面滑动迹象； （3）护面及支护结构是否完好； （4）坡面排水系统有无异常	
15		上游铺盖		上游铺盖有无裂缝、变形、塌坑、杂草等	
16	输水涵洞（管）	引水段		引水段是否泥沙、石块淤积，是否遍布垃圾	
17		进水口		（1）进水口是否通畅，有无枯木、垃圾堆积； （2）拦污栅有无损坏	
18		进水塔（竖井）		塔身结构有无破损，是否存在裂缝、不均匀沉降、钢筋裸露等现象	
19		洞（管）身		（1）是否存在钢筋（钢管）锈蚀、混凝土脱落、裂缝、渗水等现象； （2）洞（管）内通水是否顺畅； （3）是否存在垃圾、植物滋生等现象	

续表

序号	检查项目	检查内容	检查情况记录
20	出水口	(1) 出水口水流流态是否正常; (2) 是否存在冲坑; (3) 防护设施是否损坏	
21	消能工	是否设置防冲设施,消能工有无损坏或异常	
22	工作桥	桥身结构有无破损,是否存在裂缝、错位、不均匀沉降、钢筋裸露等现象	
23	闸门或阀门	(1) 闸门或阀门是否锈蚀; (2) 门叶是否正常运转; (3) 止水设施是否完好,是否渗漏水; (4) 门槽及埋设构件是否正常	
24	动力及启闭机	(1) 指示系统是否运行正常; (2) 电动机能否正常启动; (3) 启闭系统能否正常开启	
25	电气设备	供电电源是否运行正常,有无断电记录,电路线路是否老化	
26	进水段(引渠)	有无泥沙块石堆积、垃圾遍布、积水或杂草丛生等现象	
27	两侧边坡	(1) 是否存在坡面滑动迹象; (2) 护面及支护结构是否完好; (3) 坡面排水系统有无异常	
28	堰顶或闸室	(1) 堰顶是否损坏; (2) 闸室结构有无破损,是否存在裂缝、不均匀沉降、钢筋裸露等现象	
29	溢流面	是否存在破损开裂、混凝土面板脱落、植物滋生等现象	
30	消能工	(1) 是否设置防冲设施,消力池有无损坏或异常; (2) 是否杂草丛生	
31	工作(交通)桥	桥身结构有无破损,是否存在裂缝、错位、不均匀沉降、钢筋裸露等现象	

注:20~25 项检查项目属于"输水涵洞(管)";26~31 项检查项目属于"溢洪道"。

续表

序号	检查项目		检查内容	检查情况记录
32	溢洪道	闸门或阀门	(1) 闸门或阀门是否锈蚀; (2) 门叶是否正常运转; (3) 止水设施是否完好,是否渗漏水; (4) 门槽及埋设构件是否正常	
33		动力及启闭机	(1) 指示系统是否运行正常; (2) 电动机能否正常启动; (3) 启闭系统能否正常开启及设备零部件是否完好	
34		电气设备	供电电源是否运行正常,有无断电记录,电路线路是否老化;电柜蓄电池是否及时更换	
35		下游河床及岸坡	(1) 下游河床是否长满杂草; (2) 河床是否受冲刷; (3) 河道是否变窄; (4) 两岸岸坡是否存在滑坡现象	
36	监测及观测设施	环境量监测	(1) 水尺等水位观测设施是否完好; (2) 雨量站是否正常运行; (3) 是否设置坝前淤积和下游冲刷观测设施,是否正常; (4) 库水温及气温是否按期观测,有无异常	
37		变形监测	(1) 坝体位移、倾斜、接(裂)缝变形、坝基位移、近坝岸坡变形、洞室围岩变形监测设施是否正常运行; (2) 变形监测基点、站点有无异常或损坏	
38		渗流监测	(1) 渗流量、廊道抽水设施是否正常; (2) 扬压力及坝基深部渗透压力、坝体渗透压力是否正常; (3) 绕坝渗流有无异常; (4) 水质是否异常	

续表

序号	检查项目		检查内容	检查情况记录
39	监测及观测设施	应力、应变与温度监测	（1）应力、应变监测设施是否完好，有无损坏； （2）混凝土或砌石体内部温度、坝基温度监测设施是否完好，温度有无异常	
40		监测自动化系统	（1）现场网络数据和远程通信功能是否正常，传输线缆是否损坏； （2）防雷及抗干扰设施是否完整正常，有无损坏； （3）接收端电子设备、系统软件是否正常； （4）运行日志、故障日志是否按时记录	
41	电站	房屋结构	厂房整体结构有无沉降；梁、柱、楼板、墙体、屋顶有无裂缝、碳化和钢筋锈蚀情况	
42		水力设施	机墩、尾水管、尾水渠、排水设施是否完好	
43		电气设备	电气中控设备、监测设施是否发生异常	
44	工程管理与保护范围	工程管理保护设施	工程管理保护设施如围墙、护栏、围挡等有无损坏；坝顶过车限载设施及指示标牌是否完好	
45		界碑、界牌	界碑、界牌是否明显，有无损坏	
46		违法行为	在管护范围内有无违法违规作业等行为	
47		安全警示牌、宣传牌	安全警示牌、法规宣传牌是否健全，有无损坏，遮挡	
48	管理与保障设施	防汛物料	防汛物料是否充足，是否配备足够的铁锹、麻袋、推车等应急抢险设施和设备	
49		预警设施	是否配备预警设施，能否正常启动	

111

续表

序号	检查项目		检查内容	检查情况记录
50	管理与保障设施	备用电源	是否配备柴油发电机等备用电源，能否正常启动	
51		照明与应急照明设施	照明灯具是否破损，应急照明设施是否能运行工作	
52		对外通信与应急通信设施	是否配备对讲机、固定电话机、传真机等通信设备，设备是否有效使用，通信讯号是否正常	
53		供水和消防系统	是否配备足够的消防器材，消防指示标志是否损坏	
54		其他		

异常情况初步分析及处理意见：

填表说明：

1. 本表采用签字笔或钢笔填写；

2. 本表由巡查人员在现场根据检查情况如实记录填写；

3. 巡查人员对照检查项目和内容细致进行检查，若未发现异常，检查情况栏填写"正常"，若发现异常则须描述清楚存在问题，记录异常的准确位置（桩号、高程）、数量等；

4. 若检查情况栏填写不下，可另附页填写或直接写在异常情况初步分析及处理意见栏中。

巡查人员签名：　　　　　校核人员签名：　　　　　负责人员签名：

表 D.3 小型水库（土石坝、混凝土坝和砌石坝）巡视检查记录表

检查类别：日常□/定期□/特别□　　　　检查日期：____年__月__日

库水位：____ m　　　　下游水位：____ m　　　　天气：_____

检查项目	检查内容	异常问题描述	备注
坝体（坝顶，防浪墙，上、下游坝坡）	（1）近坝水面出现冒泡、漩涡		报警项
	（2）坝体滑坡		报警项
	（3）明显裂缝		报警项
	（4）异常凹陷或塌坑		报警项
	（5）牛皮胀（弹性土）		报警项
	（6）坝体异常渗水		一般项
	（7）杂草丛生		一般项
	（8）白蚁迹象		一般项
	（9）蚁穴鼠洞		一般项
	（10）坝体雨淋冲沟		一般项
	（11）近坝岸坡崩塌及滑坡等迹象		一般项
	（12）标识标牌严重破损或缺失		一般项
	（13）垃圾围坝		一般项
坝脚区	（1）异常渗漏（喷水、浊水、管涌等）		报警项
	（2）堆石反滤体完整性		一般项
	（3）堆石反滤体异常变形		一般项
	（4）排水沟堵塞		一般项
泄水设施（溢洪道等）	（1）进口障碍物（人为加高）		报警项
	（2）闸门无法正常启闭		报警项
	（3）杂草杂物侵占泄洪通道		一般项
	（4）岸坡危岩崩坍		一般项

检查项目	检查内容	异常问题描述	备注
泄水设施（溢洪道等）	（5）边墙异常变形		一般项
	（6）溢流面混凝土面板异常变形或严重破损		一般项
输水设施（涵管等）	（1）输水管出口与坝体接触部位有异常渗漏		报警项
	（2）进口附近水面冒泡、漩涡现象		报警项
	（3）出口异常出水		一般项
	（4）出口冲蚀		一般项
	（5）管身严重破损		一般项
	（6）启闭设施异常		一般项
其他	（1）水体颜色异常		一般项
	（2）水体发臭		一般项
	（3）违规网箱养殖		一般项
	（4）库区倾倒垃圾		一般项
	（5）监测及观测设施异常		一般项
	（6）防汛抢险砂石料缺失		一般项
	（7）侵占水库管理范围活动		一般项

注：

1. 本表应使用省级开发的或能与省级平台互联互通的巡查软件直接录入。

2. 对于巡查发现的异常问题应拍照留存。

3. 巡查发现存在报警项的，应在1h内报告管理单位负责人和技术责任人。

巡查人员签名： 　　　　　　　　　负责人签名：

附录 E　维修养护记录

维 修 养 护 记 录 表

工程名称		年
工程部位及 存在问题		
	记录人： 　　　　年　月　日	负责人： 　　　　年　月　日
处理方案		
	记录人： 　　　　年　月　日	负责人： 　　　　年　月　日
处理落实情况 工程量统计 （包括计算式）		
	记录人： 　　　　年　月　日	负责人： 　　　　年　月　日
备注		

附录 F 运行操作记录

运 行 操 作 记 录 表

设备名称：	泄水设施□　输水设施□		操作记录 编号：	

操作前检查	检查时间：　　年　月　日　时　分至　时　分			
	检查项目	标准	是否正常	异常及处理情况

操作	操作时间	月　　日　　时　　分至　　时　　分		
	起始库水位		最大 开度	
	结束库水位			
	完成情况			
	存在问题及 处理情况			
	操作人 （签名）		监视人 （签名）	

运行时巡查	检查时间		检查人员 （签名）	是否 正常	异常及处理情况
	月　日　时　分至　时　分				
	月　日　时　分至　时　分				
	月　日　时　分至　时　分				
	月　日　时　分至　时　分				
	月　日　时　分至　时　分				
	月　日　时　分至　时　分				
	月　日　时　分至　时　分				
	月　日　时　分至　时　分				

附录 G   安全管理记录及相关资料

G.1   安全生产检查记录

检查部位	安全要素	检查情况	是否正常	异常情况整改措施
仓库	外观结构			
	排水系统			
	环境卫生			
	物资存放			
	烟感装置			
	消防泵/栓			
	灭火器			
	安全标志			
	照明线路			
	防盗设施			
配电系统	配电房			
	变压器			
	环境卫生			
水库主体工程	水工建筑物			
	机械设备			
	监测设施			
	警示标志			
	照明设施			
	消防设施			
交通设施	防汛车辆			
	防汛船只			
信息控制中心	环境卫生			
	用电线路			
	消防泵/栓			

续表

检查部位	安全要素	检查情况	是否正常	异常情况整改措施
信息控制中心	灭火器			
	烟感装置			
	电脑机房			
	电梯机房			
	消防通道			
工程施工	正常维修养护			
	岁修/加固工程			
安全员（签名）			负责人（签名）	

注　检查单位应结合具体情况予以调整、完善。

G.2　主要险情的抢修

G.2.1　漏洞的抢修

（1）漏洞的抢修应按"前堵后排，堵排并举，抢早抢小，一气呵成"的原则进行，即在临水坡堵塞漏洞进水口，截断漏水来源，在背水坡导渗排水，防止险情扩大。不许用不透水材料强塞硬堵出水口，以免造成更大险情。

（2）临时堵塞洞口常用的方法有塞堵和盖堵，或两者兼用。当漏洞进口部位明显且较大时，可采用投物塞堵洞口、盖堵闭浸或围堰闭浸；当漏洞进口部位不明显，可采用土工膜或篷布盖堵方法堵塞漏洞进口。

（3）背水导排根据具体情况采用反滤盖压或反滤围井方法把水安全排出。当漏洞出水口小而多，且漏水量不大时，可用反滤盖压法；当漏洞出口只有一处，或较集中且流量较大时，可用反滤围井法。

（4）堵塞漏洞进口应满足下列要求：

1）应以快速、就地取材为原则准备抢堵物料；用编织袋或草袋装土、作物禾梗、树木等作为投堵的物料；用篷布或油布进行盖培闭浸。

2）抢险人员应分成材料组织、挖土装袋、运输、抢投、安全监视等小组，分头行事，紧张有序地进行抢堵。

3）投物抢堵。当投堵物料准备充足后，应在统一指挥下，快速向洞口投放堵塞物料，以堵塞漏洞，减杀水势。

4）止水闭浸。当洞口水势减小后，将事先准备好的篷布（或油布）沉入水下铺盖洞口，然后在篷布上压土袋，达到止水闭浸；有条件的也可在洞口外围用土袋作围堰止水闭浸。

5）抢堵时，应安排专人负责安全监视工作；当发现险情恶化，抢堵不能成功时，应迅速报警，以便抢险人员安全撤退；抢堵成功后，应继续进行安全监视，防止出现新的险情，直到彻底处理好为止。

（5）采用反滤围井作漏洞出口导渗排水时，应满足下列要求：

1）坝坡尚未软化、出口在坡脚附近的漏洞，可采用此法；坝坡已被水浸泡软化的不能采用。

2）砌筑围井前应清基引流，将洞口周围的杂草清除；用竹筒或皮管将漏水进行临时性的引流，以利围井砌筑。

3）围井砌筑。围井范围应视洞口多少而定，单个洞口围井直径为1～2m，围井高度应能使漏出的水不带泥沙，一般高度为1～1.5m；围井垒砌一定高度后，拔除临时引流管，在井内按反滤要求填砂石反滤材料；然后继续将围井垒砌到预定高度。

4）安设好溢水口，在距围井顶0.3～0.5m处安设竹筒或钢管，将水安全引出。

5）反滤围井仅是防止险情扩大的临时措施，不能完全消除险情，围井筑成后应注意观察防守，防止险情变化和围井漏水倒塌。

（6）采用反滤盖压方法抢修渗水漏洞时，应满足下列要求：

1）背水坝脚附近发生的渗水漏洞小而多，面积大，并连成片，渗水涌沙比较严重，可采用此法。

2）根据当地能及时利用的反滤材料，可选择土工织物反滤压盖、砂石反滤压盖、梢料反滤压盖等方法抢护。

3）采用土工织物反滤压盖时，应把地基上一切带有尖、棱的石块和杂物清除干净，并加以平整，然后满铺一层土工织物，其上再铺40～50cm厚的砂石透水料，最后满压块石或沙袋一层；土工织物压盖范围至少应超过渗水范围周边1.0m。

4）采用砂石反滤压盖时，应先清理铺设范围内的杂物和软泥，对涌水涌沙较严重的出口应用块石或砖块抛填，消杀水势，然后普遍盖压一层约20cm厚的粗沙，其上先后再铺各20cm厚的小石和大石各一层，最后压盖一层块石保护层；砂石反滤压盖范围应超过渗水范围周边1.0m。

5）采用梢料反滤压盖时，其清基要求、消杀渗水水势均与土工织物、砂石反滤压盖相同；梢料铺盖应按层梢层席方式进行，即先铺一层厚10～15cm的细梢料（如麦秸、稻草等），后铺一层厚15～20cm的粗梢料（如柳枝、林秸等），再铺席片或草垫；其上再按细梢料、粗梢料、席片的顺序铺设，总厚度应以能制止涌水带沙，浑水变清，稳定险情为原则，然后在梢层上面压盖块石或沙袋，以免梢料漂浮。

6）压盖工作完成后，应做集渗导排沟引排渗水，防止渗水漫溢；并应加强监视工作，密切监视原渗水范围是否有外延现象发生。

G.2.2 管涌和流土的抢修

（1）管涌的抢修应按"反滤导渗，控制涌水，留有渗水出路"的原则进行；一般在背水面进行抢修，抢修方法应根据管涌险情的具体情况和抢修器材的来源情况确定，常用的方法有反滤压盖、反滤围井、减压围井和透水压渗台等。

（2）采用反滤盖压方法抢修管涌时，应满足下列要求：

1）适用于背水坝脚附近发生的管涌处数较多，面积较大，并连成片，渗水涌沙比较严重的地方。

2）根据当地能及时利用的反滤材料，可选择土工织物反滤压盖、砂石反滤压盖、梢料反滤压盖等方法抢护；具体抢护方法和要求按规程规定执行。

（3）采用反滤围井抢修管涌和流土时，应满足下列要求：

1）一般适用于背水坡脚附近地面的管涌、流土数目不多，面积不大的情况；或数目虽多，但未连成大面积，可以分片处理的情况；对位于水下的管涌、流土，当水深较浅，也可采用此法。

2）围井的具体做法根据导渗材料确定，一般有砂石反滤围井、土工织物反滤围井和梢料反滤围井等。

3）反滤围井填筑前，应将渗水集中引流，并清基除草，以利围井砌筑；围井筑成后应注意观察防守，防止险情变化和围井漏水倒塌。

4）砂石反滤围井的具体做法与规程规定相同。

5）采用土工织物围井时，应将围井范围内一切带有尖、棱的石块和杂物清除，表面加以平整后，先铺土工织物，然后在其上填筑沙袋或砂砾石料，周围用土袋垒砌做成围井；围井范围以能围住管涌、流土出口和利于土工织物铺设为度，围井高度以能使漏出的水不带泥沙为度。

6）在土工织物和砂石料缺少的地方，可采用梢料围井；梢料围井应按细梢料、粗梢料、块石压顶的顺序铺设；细梢料一般用麦秸、稻草，铺设厚度为 0.2～0.3m；粗梢料一般用柳枝和秫秸，铺设厚度为 0.3～0.4m；其填筑要求与砂石反滤围井相同。

（4）采用减压围井抢修管涌和流土时，应满足下列要求：

1）适用于临水面与背水面之间水头差较小，高水位持续时间短，出险处周围地表坚实，当地缺乏土工织物和砂石反滤材料的情况。

2）减压围井的形式应根据具体险情，有针对性地采用；对个别或面积较小的管涌或流土险情，可采用无滤层围井或无滤桶围井；对出现分布范围较大的管涌群险情时，可采用抢筑背水月堤；背水月堤的填筑工程量和完成时间，须能适时控制险情的发展和安全的需要。

（5）采用透水压渗台抢修管涌和流土时，应满足下列要求：

1）适用于管涌或流土较多，范围较大，当地反滤料缺乏，但沙土料源比较丰富的地方。

2）透水压渗台填筑前，应清除填筑范围内的杂物，迅速铺填透水性大的沙土料；不许使用黏土料直接填压，以免堵塞渗水出路，加剧险情恶化。

3）透水压渗台的厚度，应根据管涌、流土的渗压大小，填筑沙土料的物理力学性质，进行渗压平衡确定。

4）透水压渗台铺填完成后，应继续监视观测，防止险情发生变化。

G.2.3 塌坑的抢修

（1）塌坑发生后，应迅速分析产生塌坑的原因，按塌坑的类型确定抢修方案。塌坑的类型有：塌坑内干燥无水或稍有浸水，属于塌坑；塌坑内有水，属湿塌坑。湿塌坑常伴有渗水、漏洞发生，要特别注意抢修。

（2）抢护方法。干塌坑可采用翻填夯实法修理；湿塌坑可采用填塞封堵或导渗回填等方法进行修理。

（3）采用翻填夯实修理干塌坑时，应先将坑内松土杂物翻出，然后用好土回填夯实。

（4）采用填塞封堵湿塌坑时，应遵照下列原则进行：

1）如果是临水面的湿塌坑，且塌坑不是漏洞的进口，可按此法修理；如果塌坑成为漏洞的进口，则按漏洞的抢修方法进行抢修。

2）塌坑口在库水位以上时，可用干土快速向坑内填筑，先填四周，再填中间，待填土露出水面后，再分层用木杠捣实填筑，直至顶面。

3）塌坑口在水位以下时，可用编织袋或麻袋装土，直接在水下填实塌坑，再抛投黏土帮宽帮厚封堵。

（5）采用导渗回填修理塌坑时，应满足下列要求：

1）适用于背水面发生的塌坑。

2）应先将坑内松湿软土清除，再按反滤层要求铺设反滤料导渗。

3）反滤导渗层铺设好后，再用黏土分层回填压实。

4）导出的渗水，应集中安全地引入排水沟或坝体外。

G.2.4　滑坡的抢修

（1）对于发展迅速的滑坡，应采取快速、有效的临时措施，按照"上部削坡减载，下部固脚阻滑"的原则及时抢修，阻止滑坡的发展；对于发展缓慢的滑坡，可按本指南 3.7 所述要求进行修理。

（2）抢护方法：

1）发生在迎水面的滑坡，可在滑动体坡脚部位抛砂石料或沙袋压重固脚，在滑动体上部削坡减载，减少滑动力。

2）发生在背水面的滑坡，可采用压重固脚、滤水土撑、以沟代撑等方法进行抢修。

（3）采用压重固脚方法抢修时，应符合下列规定：

1）适用条件。坝身与基础一起滑动的滑坡。

2）坝区周围有足够可取的作为压重体的当地材料，如块石、砂砾石、土料等。

3）压重体应沿坝脚布置，宽度和高度视滑坡体的大小和所需压重阻滑力而定；堆砌压重体时，应分段清除松土和稀泥，及时堆砌压重体；不许沿坡脚全面同时开挖后，再堆砌压重体。

（4）采用滤水土撑法抢修时，应符合下列规定：

1）适用条件。坝区石料缺乏、滑动裂缝达到坝脚的滑坡。

2）土撑布置。应根据滑坡范围大小，沿坝脚布置多个土撑；两端压着裂缝各布置一个土撑，中间土撑视滑坡严重程度布置，一般间距 5～10m；单个土撑的底宽一般 3～5m，土撑高度约为滑动体的 1/2～2/3，土撑顶宽 1～2m，后边坡 1∶4～1∶6；视阻滑效果可加密加大土撑。

3）土撑结构。铺筑土撑前，应沿底层铺设一层厚 0.1～

123

0.15cm 的砂砾石（或碎砖、或芦柴）起滤水导渗作用；再在其上铺砌一层土袋；土袋上沿坝坡分层填土压实。

（5）采用以沟代撑法抢修时，应符合下列规定：

1）适用条件。坝身局部滑动的滑坡。

2）撑沟布置。应根据滑坡范围布置多条Ⅰ形导渗沟，以导渗沟作为支撑阻滑体，上端伸至滑动体的裂缝部位，下端伸入未滑动的坝坡 1～2m，撑沟的间距视滑坡严重程度而定，一般 3～5m。

3）有关撑沟的构造要求按规程规定执行。

G. 2. 5　洪水漫坝顶的抢护

（1）当可能出现洪水位超过坝顶的情况时，应快速在坝顶部位抢筑子堰，防止洪水漫坝顶；子堰形式以能就地取材、抢筑容易为原则进行选择；常用的有土袋子堰。

（2）采用土袋子堰抢护坝顶时，应遵照下列原则进行：

1）人员组织。应将抢险人员分成取土、装袋、运输、铺设、闭浸等小组，分头各行其是，做到紧张有序，忙而不乱。

2）土袋准备。可用编织袋、麻袋或草袋，袋内装土七八成满，不要用绳扎口，以利铺设。

3）铺设进占。在距上游坝肩 0.5～1.0m 处，将土袋沿坝轴线紧密铺砌，袋口朝向背水面；堰顶高度应超过推算的最高水位 0.5～1.0m；子堰高不足 1.0m 的可只铺单排土袋，较高的子堰应根据高度加宽底层土袋的排数；铺设土袋时，应迅速抢铺完第一层，再铺第二层，上下层土袋应错缝铺砌。

4）止水闭浸。应随同铺砌土袋的同时，进行止水闭浸工作；止水方式可采用在土袋迎水面铺塑料薄膜或在土袋后打土战；采用塑膜止水时，塑膜层数不少于两层，塑膜之间采用折扣搭接，长度不小于 0.5m，在土袋底层脚前沿坝轴线挖 0.2m 深的槽，将塑膜底边埋入槽内，再在塑膜外铺一排土袋，将塑膜夹于两排土袋之间；采用土战止水时，要在土袋底层边沿坝轴线挖宽 0.3m、深 0.2m 的结合槽，然后分层铺土夯实，土战边坡不小于

1：1。

　　5）随着水位的上涨，应始终保证子堰高过洪水位，直至洪水下落到原坝顶以下，大坝脱险为止。

　　6）汛后，应重新进行洪水复核，选择经济合理的加固方案，进行彻底处理。

附录 H　档案管理记录表

档案管理工作台账

序号	文件编号	建立日期	文件名称	文件类型	文件份数	签发单位	有效期	存放位置	保管人	备注

档 案 借 阅 台 账

序号	文件名称	文件份数	借阅部门	借阅人	借阅时间	联系电话	归还时间	收发人	备注

附录 I 安全监测相关资料

I.1 土石坝安全监测项目分类和选择

表 I.1.1　　　　　　土石坝安全监测项目分类和选择表

序号	监测类别	观测项目	建筑物级别				
			1	2	3	4	5
一	巡视检查	坝体、坝基、坝区、输泄水洞（洞）、溢洪道、近坝库岸	★	★	★	★	★
二	变形	1. 坝体表面变形；	★	★	★	★	☆
		2. 坝体（基）内部变形；	★	★	☆		
		3. 防渗体变形；	★	★			
		4. 界面及接（裂）缝变形；	★	★			
		5. 近坝岸坡变形；	★	☆			
		6. 地下洞室围岩变形	★	☆			
三	渗流	1. 渗流量；	★	★	★	★	☆
		2. 坝基渗流压力；	★	★	☆	☆	☆
		3. 坝体渗流压力；	★	★	☆	☆	☆
		4. 绕坝渗流；	★	★	☆	☆	
		5. 近坝岸坡渗流；	★	☆			
		6. 地下洞室渗流	★	☆			
四	压力（应力）	1. 孔隙水压力；	★	☆			
		2. 土压力；	★	☆			
		3. 混凝土应力应变	★	☆			
五	环境量	1. 上、下游水位；	★	★	★	★	★
		2. 降水量、气温、库水温；	★	★	★	★	★
		3. 坝前泥沙淤积及下游冲刷；	☆	☆			
		4. 冰压力	☆				
六	地震反应		☆	☆			
七	水力学		☆				

注 1　有★者为必设项目，有☆者为一般项目，可根据需要选设。
注 2　坝高小于20m的低坝，监测项目选择可降一个建筑物级别考虑。

126

表 I.1.2   土石坝安全监测项目测次表

观 测 项 目	测　次		
	第一阶段 (施工期)	第二阶段 (初蓄期)	第三阶段 (运行期)
日常巡视检查	8～4 次/月	30～8 次/月	汛期不少于 1 次/ 天；非汛期不少于 2 次/周（两次巡查间 隔不少于 3 天）
1. 坝体表面变形； 2. 坝体（基）内部变形； 3. 界面及接（裂）缝变形； 4. 近坝岸坡变形； 5. 近坝岸坡变形； 6. 地下洞室围岩变形	4～1 次/月 10～4 次/月 10～4 次/月 10～4 次/月 4～1 次/月 4～1 次/月	10～1 次/月 30～2 次/月 30～2 次/月 30～2 次/月 10～1 次/月 10～1 次/月	6～2 次/年 12～4 次/年 12～4 次/年 12～4 次/年 6～4 次/年 6～4 次/年
7. 渗流量； 8. 坝基渗流压力； 9. 坝体渗流压力； 10. 绕坝渗流； 11. 近坝岸坡渗流 12. 地下洞室渗流	6～3 次/月 6～3 次/月 6～3 次/月 4～1 次/月 4～1 次/月 4～1 次/月	30～3 次/月 30～3 次/月 30～3 次/月 30～3 次/月 10～1 次/月 10～1 次/月	4～2 次/月 4～2 次/月 4～2 次/月 4～2 次/月 2～1 次/月 2～1 次/月
13. 孔隙水压力； 14. 土压力； 15. 混凝土应力应变	6～3 次/月 6～3 次/月 6～3 次/月	30～3 次/月 30～3 次/月 30～3 次/月	4～2 次/月 4～2 次/月 4～2 次/月
16. 上、下游水位； 17. 降水量、气温； 18. 库水温； 19. 坝前泥沙淤积及下游冲刷； 20. 冰压力	2～1 次/日 逐日量 按需要	4～1 次/日 逐日量 10～1 次月 逐日量 按需要	2～1 次/日 逐日量 1 次月 按需要 按需要
21. 坝区平面监测网； 22. 坝区垂直监测网	取得初始值 取得初始值	1～2 年 1 次 1～2 年 1 次	3～5 年 1 次 3～5 年 1 次
23. 水力学			根据需要确定

注 1　表中测次，均系正常情况下人工测读的最低要求。如遇特殊情况（如高水
　　　位、库水位骤变、特大暴雨、强地震以及边坡、地下洞室开挖等）和工程
　　　出现不安全征兆时应增加测次。

注 2　第一阶段：若坝体填筑进度快，变形和土压力测次可取上限。

注 3　在蓄水时，测次应取上限；完成蓄水后的相对稳定期可取下限。

注 4　第三阶段：渗流变形等性态变化速率大时，测次应取上限；性态趋于稳定
　　　时可取下限。

注 5　相关监测项目应力求同一时间监测。

I. 2 混凝土坝安全监测项目分类和选择

表 I. 2. 1 混凝土坝安全监测项目分类和选择表

监测类别	观测项目	大坝级别				
		1	2	3	4	5
现场检查	坝体、坝基、坝肩及近坝库岸	★	★	★	★	★
环境量	上、下游水位	★	★	★	★	★
	气温、降水量	★	★	★	★	★
	坝前水温	★	★	☆	☆	
	气压	☆	☆	☆	☆	
	坝前淤积、下游冲淤	☆	☆	☆		
变形	坝体表面位移	★	★	★	★	☆
	坝体内部位移	★	★	★	☆	
	倾斜	★	☆	☆		
	接缝变化	★	★	☆	☆	
	裂缝变化	★	★	★	☆	
	坝基位移	★	★	★	☆	
	近坝岸坡变形	★	★	☆	☆	
	地下洞室变形	★	★	☆	☆	
渗流	渗流量	★	★	★	★	☆
	扬压力	★	★	★	★	☆
	坝体渗透压力	☆	☆	☆	☆	
	绕坝渗流	★	★	☆	☆	
	近坝岸坡渗流	★	★	☆	☆	
	地下洞室渗流	★	★	☆	☆	
	水质分析	★	★	☆	☆	
应力、应变计温度	应力	★	☆			
	应变	★	★	☆		
	混凝土温度	★	★	☆		
	坝基温度	★	★	☆		

续表

监测类别	观测项目	大坝级别				
		1	2	3	4	5
地震反应监测	地震动加速度	☆	☆	☆		
	动水压力	☆				
水力学监测	水流流态、水面线	☆	☆			
	动水压力	☆	☆			
	流速、泄流量	☆	☆			
	空化空蚀、掺气、下游雾化	☆	☆			
	振动	☆	☆			
	消能及冲刷	☆	☆			

注1 有★者为必设项目，有☆者为可选项目，可根据需要选设。

注2 坝高70m以下的1级坝，应力应变为可选项。

表 I.2.2　　　　混凝土坝安全监测项目测次表

监测类别	监测项目	施工期	首次蓄水期	运行期
现场检查	日常检查	2次/周~1次/周	1次/天~3次/周	汛期不少于1次/天；非汛期不少于2次/周（两次巡查间隔不少于3天）
环境量	上、下游水位	2次/天~1次/天	4次/天~2次/天	2次/天~1次/天
	气温、降水量	逐日量	逐日量	逐日量
	坝前水温	1次/周~1次/月	1次/天~1次/周	1次/周~2次/月
	气压	1次/周~1次/月	1次/天~1次/周	1次/周~1次/月
	坝前淤积、下游冲淤		按需要	按需要
变形	坝体表面位移	1次/周~1次/周	1次/天~2次/周	2次/周~1次/月
	坝体内部位移	2次/周~1次/周	1次/天~2次/周	1次/周~1次/月
	倾斜	2次/周~1次/周	1次/天~2次/周	1次/周~1次/月
	接缝变化	2次/周~1次/周	1次/天~2次/周	1次/周~1次/月
	裂缝变化	2次/周~1次/周	1次/天~2次/周	1次/周~1次/月

续表

监测 类别	监测项目	施工期	首次蓄水期	运行期
变形	坝基位移	2次/周~1次/周	1次/天~2次/周	1次/周~1次/月
	近坝岸坡变形	2次/月~1次/月	2次/周~1次/周	1次/月~4次/年
	地下洞室变形	2次/月~1次/月	2次/周~1次/周	1次/月~4次/年
渗流	渗流量	2次/周~1次/周	1次/天	1次/周~2次/月
	扬压力	2次/周~1次/周	1次/天	1次/周~2次/月
	坝体渗透压力	2次/周~1次/周	1次/天	1次/周~2次/月
	绕坝渗流	2次/周~1次/周	1次/天~1次/周	1次/周~1次/月
	近坝岸坡渗流	1次/周~1次/月	1次/天~1次/周	1次/月~4次/年
	地下洞室渗流	2次/月~1次/月	1次/天~1次/周	1次/月~4次/年
	水质分析	1次/月~1次/季	2次/月~1次/月	2次/年~1次/年
应力、 应变计 温度	应力	1次/周~1次/月	1次/天~1次/周	2次/月~1次/季
	应变	1次/周~1次/月	1次/天~1次/周	2次/月~1次/季
	混凝土温度	1次/周~1次/月	1次/天~1次/周	2次/月~1次/季
	坝基温度	1次/周~1次/月	1次/天~1次/周	2次/月~1次/季
地震反 应监测	地震动加速度	按需要	按需要	按需要
	动水压力		按需要	按需要
水力学 监测	水流流态、水面线		按需要	按需要
	动水压力		按需要	按需要
	流速、泄流量		按需要	按需要
	空化空蚀、掺气、 下游雾化		按需要	按需要
	振动		按需要	按需要
	消能及冲刷		按需要	按需要

I.3 输水涵管内窥检测

表 I.3.1   管道缺陷类型及等级汇总表

缺陷类型	各缺陷等级数量/处				
	1级 (轻微)	2级 (中等)	3级 (严重)	4级 (重大)	合计
AJ（支管暗接）					
BX（变形）					
CJ（沉积）					
CK（错口）					
CR（异物穿入）					
FS（腐蚀）					
FZ（浮渣）					
JG（结垢）					
CQ（残墙、坝根）					
TL（接口材料脱落）					
PL（破裂）					
QF（起伏）					
SG（树根）					
SL（渗漏）					
TJ（脱节）					
ZW（障碍物）					
合计					

表 I.3.2   管道缺陷明细表

序号	起始位置	终止位置	管径 /mm	材质	管段长度 /m	缺陷距离 /m	缺陷名称	缺陷等级	附表编号

附录 J 白蚁蚁害巡查（检查）记录表

白蚁蚁害巡查（检查）记录表

检查类别：日常□/定期□/专项□ 天气：＿＿＿ 温度：＿＿＿℃

检查日期：＿＿＿年＿月＿日

水库名称			大坝类型	
估计白蚁巢数（按分群孔、鸡枞菌处数推断，一处一巢）	合计	主坝	副坝	其他
白蚁种类		危害程度	穿坝高程	穿坝桩号

主要蚁害现状：

分群孔、鸡枞菌分布平面示意图（标明高程、桩号）：

泥线、泥被分布平面示意图（标明高程、桩号）：

初步分析及处理意见：

检查人（签字）：

校核人（签字）：

负责人（签字）：

年 月 日

附录 K 水库保洁巡查（检查）记录表

水库保洁巡查记录表

工程名称：_____　日期：____年__月__日　天气：_____

序号	巡查项目	巡查内容	巡查结果
1	水域保洁	水面漂浮物	
		拦污设施	
2	陆域保洁	地面、路面	
		建（构）筑物立面	
		指示和警示牌	
		其他设施	

检查结论：

检查人：

年　月　日

审核意见：

审核人：

年　月　日

附录 L 安保和防恐相关记录表

表 L.1 水库安保和防恐记录表

日期：＿＿年＿月＿日 填表人：＿＿＿＿＿＿＿＿＿

巡查范围：＿＿＿＿＿＿＿＿＿＿＿＿＿＿＿＿＿＿＿＿＿＿＿

巡查内容	巡查	处理	备注
水库库内人员安全状况 （注明是否下雨）			
水库大坝、输水、 泄水建筑物状况			
涉及水库管理或保护范围 的建设项目动态			
违法、违章行为或事件			
突发事件			
重大节日及节假日的服务			
恶劣天气、紧急状况配合			

表 L. 2　　　　　　　　　　　　违法（违规）事件登记表

事件来源	□日常巡查□管养监理人员举报□养护人员举报 □社会举报□上级或领导交办□其他					
事发地点						
报告人	姓名		性别		电话	
	联系方式					
	单位（地址）					

主要内容：

记录人：　　　　　　　年　月　日

处理意见：

负责人：　　　　　　　年　月　日

附录 M 管护服务考核办法和标准

表 M.1　　　　　　　管护服务考核办法

考核方式	标准分	赋分办法	考核档次
日常检查	20	历次日常检查平均分×0.2	合计分＜60，不合格；60≤合计分＜80，合格；合计分≥80，优良
定期考评	30	历次定期考核平均分×0.3	
年度考评	30	年度考核分×0.3	
监督检查	20	被水行政主管实施责任追究，责任追究方式为责令整改，每次扣5分；警示约谈，每次扣10分；通报批评以上，每次扣20分。此项扣分后最低得分为0分	
合计	100		

注　考核发现有"溢洪道人为设障""违规超汛限水位蓄水""发生重大安全生产事故"等情况的一票否决，考核档次为不合格。

表 M.2　　　　　　管护服务年终考评（自检）标准

序号	项目	考核内容及要求	标准分	赋分原则	备注
1	岗位设置及人员配置	岗位设置和人员配置满足要求；按规定组织技术负责人、巡查管护人员培训	8	岗位设置不满足要求，扣2分；人员配置不满足要求，扣2分；人员未持证上岗，扣2分；未按规定组织技术负责人、巡查管护人员培训，扣2分	
2	管理考核	配合有关部门组织开展检查考核；根据考核标准开展年度自检，并及时上报自检结果；对自检、检查考核发现的问题及时整改	5	未积极配合有关部门开展检查考核，扣2分；未开展年度自检，扣1分；对自检、检查考核发现的问题未及时整改，扣2分	
3	制度建设	制订各项管理制度，并张贴上墙；各项制度落实、执行效果好	5	制度不全面或内容不完善，每项扣0.5分；制度未上墙，扣1分；各项制度落实、执行效果不好，扣2分	

续表

序号	项目	考核内容及要求	标准分	赋 分 原 则	备注
4	巡视检查	按规定开展日常巡视检查，并做好记录；按规定开展定期检查，遇特殊情况应开展特别检查，并做好记录并提交检查报告；及时处理上报检查中发现问题；配合有关部门组织开展检查	15	未开展日常巡视检查，此项不得分；日常巡视检查内容、频次、线路、记录等不符合要求，每项扣3分；未按规定开展定期检查，扣3分；遇特殊情况，未按规定开展特别检查，扣2分；未及时处理上报检查中发现的问题，扣2分；未积极配合有关部门组织开展检查，扣1分	
5	维修养护	按有关规定和标准开展日常养护，并做好记录	20	未开展日常养护，此项不得分；对照小型水库工程日常养护标准，主体工程养护不符合要求，每个子项扣1分；附属设施和管理区养护不符合要求，每个子项扣0.5；记录不符合要求，扣2分	
6	运行操作	按操作规程和调度指令运行，无人为事故；记录规范	10	有人为事故且影响工程安全或设备正常使用，此项不得分；未按操作规程和调度指令运行，扣5分；有人为事故，未影响工程安全和设备正常使用，扣3分；记录不规范，扣2分	
7	安全管理	签订安全责任书，落实安全责任；参加安全管理（防汛）应急演练；经常开展安全生产检查，发现隐患及时整改；无安全生产责任事故	8	发生较大安全生产责任事故，此项不得分；未签订安全责任书，扣2分；未参加安全管理（防汛）应急演练，扣2分；存在安全生产隐患，每项扣1分；发生一般安全责任事故，每起扣1分	
8	档案管理	落实档案管理人员；各类档案资料齐全、完好，建档立卡，分类清楚，存放有序，按时归档	5	未落实专职档案管理人员，扣2分；档案资料不完整，扣1分；档案分类不清楚、存放杂乱、不按时归档，扣1～3分	

序号	项目	考核内容及要求	标准分	赋 分 原 则	备注
9	安全监测	按规定开展工程监测,记录规范;观测成果真实,精度符合要求;遇高水位、水位突变、地震等异常情况时加测;观测设施、仪器定期校验、维护;及时进行观测资料初步分析、整编	8	未开展工程监测,此项不得分; 观测项目、测次、时间、精度、记录等不符合要求,每项扣1分; 遇高水位、水位突变、地震等异常情况时未加测,扣1分; 观测设施、仪器未定期校验、维护或有缺陷,扣1分; 未及时进行资料整编分析,扣2分	
10	白蚁防治及其他有害生物防治	应制定白蚁及其他有害生物防治计划;按要求开展白蚁及其他有害生物日常检查、定期检查和专项检查,并做好相关记录;按要求做好白蚁及其他有害生物危害治理及验收工作,并保存好相关资料	5	未制定白蚁及其他有害生物防治计划的,扣2分; 现场存在明显白蚁蚁害及其他有害生物现象的,扣3分; 无白蚁及其他有害生物检查记录的,扣1分; 未保存及其他有害生物防治相关资料的,扣1分	
11	水库保洁	定期开展水库水域及陆域保洁;保洁人员统一着装,规范作业;水面漂浮物、陆域废弃物符合相关规范控制要求	6	水库保洁人员未统一着装并佩戴保洁标志、保洁人员出船或岸坡作业时未采取穿戴救生衣或安全帽等安全防护措施,未按规范和程序作业的,每发现一处扣1分; 水域水面漂浮物超过控制要求,且未及时清理的,每发现一处扣0.5分; 陆域废弃物、散落物不符合相关规定的,且未及时清理的,每发现一处扣0.5分; 无相关保洁记录的,扣1分; 记录不完整或者不规范的,每发现一处扣0.5分	

续表

序号	项目	考核内容及要求	标准分	赋 分 原 则	备注
12	安保和防恐	及时阻止破坏和侵占工程、污染水环境以及其他可能影响人员、工程和水质安全的行为，并报告	5	未及时阻止破坏和侵占工程、污染水环境以及其他可能影响人员、工程和水质安全的行为，每起扣1分； 无相关安保和防恐记录的，扣1分； 无相关违法（违规）事件记录的，扣1分； 发现违法（违规）行为未及时报告，扣2分； 记录不完整或者不规范的，每发现一处扣0.5分	
	合计		100		

说明：1. 本标准分为12项，各项标准分合计100分，每个单项扣分后最低得分为0分。

2. 在考核中，如出现合理缺项，该项得分为：合理缺项得分＝［合理缺项所在类得分/（该类总标准分－合理缺项标准分）］×合理缺项标准分。合理缺项依据合同约定的内容确定。

表 M. 3   购买服务日常检查、定期考评标准

序号	项目	考核内容及要求	标准分	赋 分 原 则	备注
1	管理考核	配合有关部门组织开展检查考核；及时整改检查考核发现的问题	10	未积极配合有关部门开展检查考核，扣5分；未及时整改检查考核发现的问题，扣5分	
2	巡视检查	按规定开展日常巡视检查，并做好记录；及时处理上报检查中发现问题；配合有关部门组织开展检查	20	未开展日常巡视检查，此项不得分。日常巡视检查内容、频次、线路、记录等不符合要求，每项扣5分；未及时处理上报检查中发现问题，扣3分；未积极配合有关部门组织开展检查，扣2分	
3	维修养护	按有关规定和标准开展日常养护，并做好记录	25	未开展日常养护，此项不得分。主体工程养护不符合要求，每个子项扣1分；附属设施和管理区养护不符合要求，每个子项扣0.5分；记录不符合要求，扣3分	

续表

序号	项目	考核内容及要求	标准分	赋分原则	备注
4	运行操作	按操作规程和调度指令运行，无人为事故；记录规范	10	有人为事故且影响工程安全或设备正常使用，此项不得分。未按操作规程和调度指令运行，扣5分；有人为事故，未影响工程安全和设备正常使用，扣3分；记录不规范，扣2分	
5	安全管理	经常开展安全隐患排查治理，发现隐患及时整改	5	存在安全生产隐患，1项扣1分	
6	安全监测	按规定开展工程监测，记录规范；观测成果真实，精度符合要求	10	未开展工程监测，此项不得分。观测项目、测次、时间、精度、记录等不符合要求，每项扣2分	
7	白蚁防治及其他有害生物防治	按要求开展白蚁及其他有害生物日常检查，并做好相关记录；现场无白蚁蚁害及其他有害生物危害现象	5	现场存在明显白蚁蚁害及其他有害生物现象的，扣3分；无白蚁及其他有害生物日常检查记录的，扣2分	
8	水库保洁	按要求开展水库水面及陆域保洁，水面漂浮物、陆域废弃物符合相关规范控制要求	10	漂浮物、废弃物超过控制要求且未及时清理的，每发现一处扣0.5分；无相关保洁记录或记录不规范的，每发现一处扣0.5分	
9	安保和防恐	及时阻止破坏和侵占工程、污染水环境以及其他可能影响人员、工程和水质安全的行为，并报告	5	未及时阻止破坏和侵占工程、污染水环境以及其他可能影响人员、工程和水质安全的行为，每起扣2分；发现违章行为未及时报告，扣3分	
	合计		100		

说明：1. 本标准分为9项，各项标准分合计100分，每个单项扣分后最低得分为0分。

2. 在考核中，如出现合理缺项，该项得分为：合理缺项得分＝[合理缺项所在类得分/(该类总标准分－合理缺项标准分)]×合理缺项标准分。合理缺项依据合同约定的内容确定。

附录 N　信息化监管系统数据接入方式要求

一、省级平台

各市县可通过申请开通账号访问电脑版系统或日常监督检查手机 APP。

系统网址：广东省水利工程运行监管平台 http：//210.76.80.49：8000 或广东省水利建设市场信用信息平台 http：//210.76.74.108/。

二、自行开发平台与省级对接方式

地方自行开发建设的信息化监管系统应将数据传输到省级政务云，采集接收软件对数据进行接收并入库；政务云同时提供数据接口的方式，接入已在地方服务器接收的数据。

三、上报数据内容

上报信息化数据：

1. 物业化管理养护单位基本信息

物业化管理养护单位名称、已取得的物业化管理服务能力评价证书信息、业绩、注册资金、操作人员信息、技术骨干信息、企业技术负责人信息。

2. 物业化管理养护项目基本信息

项目名称、合同金额、物业化管理养护单位名称、水库管理单位（或水库主管部门）信息、项目招投标信息、合同开始时间、合同截止日期等。

3. 监督考核信息

项目日常检查、定期（月或季）考评、年终考评信息。

四、上报数据格式

报文格式上采用通用 JSON 格式文本信息；现场照片或文件类上报内容，使用 HTTP 文件流形式上报。

五、上报数据接口

数据接口采用基于 HTTPS 协议的 REST 接口。